公共艺术设计

乔 迁 主编

中国建筑工业出版社

图书在版编目（CIP）数据

公共艺术设计/乔迁主编．—北京：中国建筑工业出版社，2020.6（2023.8重印）
ISBN 978-7-112-24853-7

Ⅰ.①公… Ⅱ.①乔… Ⅲ.①建筑设计－环境设计 Ⅳ.①TU-856

中国版本图书馆CIP数据核字（2020）第024161号

责任编辑：毋婷娴　石枫华
责任校对：芦欣甜

公共艺术设计

乔 迁　主编

*

中国建筑工业出版社出版、发行（北京海淀三里河路9号）
各地新华书店、建筑书店经销
北京方舟正佳图文设计有限公司制版
北京中科印刷有限公司印刷

*

开本：850×1168毫米　1/16　印张：11¾　字数：322千字
2020年9月第一版　2023年8月第三次印刷
定价：68.00元
ISBN 978-7-112-24853-7
（35408）

编委会

前 言

本书策划伊始初定名为《公共艺术教程》，然而编著工作才刚刚着手就改名为《公共艺术设计》，主要原因是经过深入思考与讨论认为，学术界多年来对公共艺术的认识在理论层面的探讨已经相当充分，尤其从社会学角度给出了大致定型的概念，因此本书没有再做重复解读的必要。作为一门设计艺术，公共艺术必然会逐步形成一套设计的形式法则，其特殊性决定了公共艺术成为独立学科的理由。加上“设计”二字，是为了强调本书落脚点是探索公共艺术设计的基本原理。

我一直反对把一个概念泛化，无论公共艺术有多明显的跨学科性，终究有其语言的限定性。公共艺术的公共是人文概念，也是空间概念，公共空间是一个物理形态，也是一个前提条件，艺术必须是与此空间形成人文和自然方面整一的关系，满足这个形式才可以被称之为公共艺术。

那么，本书的公共艺术就不会被作为纯美术作品独立考察，而是注重艺术品与其所置身的空间形成的统一整体。本书会把雕塑公园作为一个公共艺术项目来看，但不把雕塑公园的作品独立看作公共艺术作品，尽管其也和环境相关。那些艺术化了的公共设施也不是本书主张的公共艺术研究范畴。

设计的形式法则一定是诸多可以验证的数理结构的组织方法。空间尺度和形态语言都会给人产生不同的心理反应，视距和视角也会对观看艺术的效果产生影响。光、材料、尺度、技术这些设计元素会按照一个造型的法则共同产生作用。有些建筑园林规划领域的成熟原则，我们会选择借鉴，也通过梳理世界上优秀的公共艺术案例，提炼出一些普遍适应的设计规则。

这套法则是成为公共艺术家必须掌握的基本专业知识，是公共艺术家学习、工作所要遵循的原则，尤其对于公共艺术课程的学生更是必要的知识。由于公共艺术和建筑、园林设计的密切关联，本书在主要面向公共艺术家的同时，也有建筑师、园林规划师、市政管理者所需要的知识结构部分。

本书有十几位专家参编，他们大多是高校公共艺术课程的任课老师，有在一线教学的丰富经验，他们最清楚公共艺术该教什么，重点在哪里，他们的参编是有的放矢。

《公共艺术设计》要解决公共艺术领域教什么和学什么的问题。在写作时间周期短，大家又忙于本职工作的情况下，本书的编撰是很困难的事情，需要参与者有强烈的工作热情。也许限于水平，结果未必成熟，但是总归要有人抛砖引玉，为后续的修正提供基础。

本书编委在着手写作之前，就书稿的基本概念、立足点、书稿结构、案例选用原则等进行了多次研讨，并听取了同行专家的意见。为了保持整本书的概念统一、内容连贯，由乔迁、文山、徐永涛负责统稿，最后由乔迁审稿完成。

具体参编人员承担的写作内容如下：

第1章	绪论		乔迁
第2章	公共艺术的形式范畴和法则	2.1 尺度和视角	王强
		2.2 色彩和肌理	陈新元
		2.3 光影的影响和使用	高秀军
		2.4 空间营造	孙冀东、吴新
第3章	公共艺术中的雕塑和壁画	3.1 作为公共艺术的雕塑	邹锋、赵健磊
		3.2 作为公共艺术的壁画	宋长青
第4章	公共艺术的媒介材料、技术和可能性	4.1 公共艺术媒介材料使用的历史发展	徐永涛、甄亚雷
		4.2 新媒介材料和可能性的探索	乔迁、施海
		4.3 公共艺术中材料与技术的关系	施海、乔迁、甄亚雷
第5章	公共艺术的设计路径		朱尚熹、朱羿郎
第6章	公共艺术经典案例分析		文山、谢二中
后记			文山

主编　乔迁

2019年6月16日

目 录

第1章 绪论

本章内容是对公共艺术设计基础知识的基本介绍，对什么是公共艺术、公共艺术发生发展的基本情况、公共艺术设计的基本要素和形式法则做基本的描述，以期使读者有一个框架式的认知。

1.1 公共艺术的概念

公共艺术的概念是在20世纪60年代随着公共社会的逐步建立和大众对于城市公共空间艺术的审美需求而产生的，是艺术品、公共空间、社会大众交叉性整合的艺术形式。由于社会发展的阶段和形态不同，公共艺术的概念还没有一个普遍认同的统一定义，不同时期、不同文化背景下的学者给出的内涵和外延都有所不同。当然，作为一本探究公共艺术设计原理、梳理形式法则的书，有必要明确在本书中所基于的公共艺术概念，这是提出具体设计法则的基础。

1.1.1 概念的形成

在20世纪90年代以前，中国没有公共艺术的说法，只有城市雕塑和壁画的概念，其在20世纪90年代中期逐渐被“公共艺术”一词所取代。

公共艺术属于当代艺术的范畴，强调的是艺术的公共性、社会性和民主化，而不是根据物质媒介和空间形态定义的概念。城市雕塑有一部分在观念上与公共艺术是重合的，但城市雕塑并不等同于公共艺术。

通常意义上，公共艺术是指安置在对所有人开放的室内外空间，由公众参与策划和管理的艺术，形式上包括多种类型。公共艺术涉及特定的环境、相关的社区和需求方，和艺术、策划人、委托人、实施者相关。公共艺术中指所有的视觉可通达的空间和建筑内部作为装饰又具有独立艺术价值的各种艺术类型，这种空间的判断多指开敞式、流动人群集中的场所，主要有广场、公共绿地、街头节点、交通站点、纪念场馆等。空间决定公共艺术的性质，概念元素上比艺术内容、形式、观众更为重要（图1–1）。

公共艺术有三个公认的基本属性和要素：公共性、艺术性和在地性。这也是公共艺术和其他艺术门类区分的标准。

因为“公共”的定义在不断延伸变化，对公共艺术的定义也随着时代的发展有所不同。公共艺术具有的公共性是一种社会属性，社会对于公共的定义会影响公共艺术的定义，某些艺术品在特定的时代不被看作公共艺术，而在另一个时代则可以被看作公共艺术。

20世纪60年代兴起的社会民主化进程和对环境文化提升的诉求使艺术进入了公共场域，在媒材上有多样的选择，受众上也扩展到普通大众，公共艺术由此发展成为独立的设计艺术形式。

1.1.2 不同的定义

一般来说，公共艺术的核心是公共性。如果从艺术作品的角度讲，公共艺术就是公共环境里的艺术品和艺术化了的公共环境，其公共性体现在作品的参与性；从当代都市环境的角度讲，公共艺术则是城市规划建设的要素之一，其公共性应该体现在用立法的方式调动一切积极因素建设都市美好人文和人居环境。从艺术与社会的角度，公共艺术可以说是一项社会运动，它的主题则是尊重与关爱普通大众，其公共性体现在对社会公正、平等、和谐和民主的坚持和倡导。

当然，公共艺术的概念自引入以来，学者们给出的概念不尽相同，每人给出定义的侧重点不同。有的着重于其公共性中人的主体地位，有人着重于场所因素。

美国印第安纳波利斯市对公共艺术的定义是：在许多的现代化城市中，艺术家与建筑师、工程师和景观设计师共同合作，以创造视觉化空间来丰富公共场所。这些共同合作的专案包括人行道、脚踏车车道、街道和涵洞等公共工程。所有这些公共艺术表现方式，使得一个城市愈发有趣并更适合居住、工作及参访。

图 1-1 都柏林尖塔，官方名字为“光明纪念碑”（Monument of Light），位于爱尔兰首都都柏林的奥康内尔街，设计理念是“以典雅及充满能量的简洁感，连接起艺术与科学的桥梁”。尖塔高 121.2 米，以 6 段平均长度 20 米的塔身连接起来，基座直径为 3 米，顶部只有 15 厘米，就像是一个针头一般，为目前世界上最高的户外雕塑作品，于 2002 年开设建设，2003 年建成，成为都柏林的最新地标。

王洪义在其《公共艺术概论》中说：“公共艺术是以大众需求为前提的艺术创作活动，是在政府、部门和专业人员指导下开展的大众文化活动。它包括艺术创作、公共空间和大众参与等三项要素，大众参与是其中的核心要素。广义的公共艺术，指私人、机构空间之外的一切艺术创作和美化活动；狭义的公共艺术，指设置在公共空间中能符合大众心意的视觉艺术。”①

王中在《公共艺术概论》里甚至没有给出明确的定义，而是揭示公共艺术产生的动机和发展的价值。

易英认为公共艺术是“一个由公众集体购买的作品，在这种条件下，艺术作品可以看作存在于一个特殊的结构中，是一个私人拥有物品的交换价值到公众拥有物品的价值转换。任何一个个体的公众都不可能占有公共作品，如同它不可能占有公共场所的任何一寸面积一样。公众对作品的拥有是通过政治势力或权力机关来实现的。在名义上，权力机关代表了公众的利益与意见。如果没有一个正常的、合法的公众意见的公共领域，权力机关就会把公众的权利和纳税人的财产占为己有。”②

一直提倡大美术观念的袁运甫认为，公共艺术是艺术家以与环境的外在形态和风格指向协调一致的艺术语言进行创作的、比较特殊的、大型化艺术形式，它是为艺术建筑、环境及群众性活动场所和设施进行设计和制作完成的大型艺术，包括壁画、雕塑、园林及城市景观的综合设计等内容。

刘悦笛认为，对于“公共艺术”概念本身而言，“公共”与“艺术”竟然是自相矛盾的，可以初步称之为“公共艺术悖论”。回到生活美学，回到民众当中，就可以突破这个悖论。从“生活美学”来定位公共艺术，这是一种具有“本土化”的理论视野，它关系到具有“中国性”的视觉理论的建构。任何成功的公共艺术都是需要具有“土著性”的，也就是需要从当地文化的“风土”中自然地生长出来。

一件公共艺术品的成功，究竟是由公众所决定的，还是由艺术家自我决定的呢？答案以公共艺术在艺术家与公众之间是否形成良性的交互作用为判断依据，与社区实现了全面交流的艺术，才是真正的公共交流艺术。

---

① 王洪义．公共艺术概论[M]．杭州：中国美术学院出版社，2014.

② 孙振华，鲁虹．公共艺术在中国[M]．香港：香港心源美术出版社，2004.

公共艺术，无论是参与物化建构，还是人与人交流，都是要建构一种文化的“审美场”。中西方公共艺术界都在试图介入大小城市与乡村地域的生活，并关注其中的日常生活与历史脉络，以提升民众的生活质量与幸福指数为目的。

1.2 公共艺术发展简史

1.2.1 公共艺术的产生和发展

公共艺术最初在美国出现，其发展有社会的特殊性一面，并对欧洲、日本有较大影响，也是其他发展中国家公共艺术建设的借鉴基础。

20 世纪 30 年代，美国有计划地使用传统纪念碑所隐含的国家象征意义，进行长期有目的的宣传（例如美国联邦艺术项目、苏联文化局等）。在大萧条时期，美国罗斯福总统的新政促进了以宣传为目的的公共艺术发展。新政支持的艺术项目，旨在培养美国人对美国文化的自豪感，同时对当时摇摇欲坠的经济问题产生积极作用。尽管隐含着不少问题，但一些新政项目让普通大众都有了接触到艺术的机会，改变了艺术家与社会之间的关系。新政建筑艺术项目（A–I–A）提出了资助公共艺术的百分比机制，将所有政府建筑总造价的 0.5% 用于购买当代美国艺术，帮助巩固了美国公共艺术应该真正归于公众所有的原则，并且政府确立了对特定地点公共艺术建设的相应法规。早期的公共艺术计划奠定了美国当代公共艺术发展的基础。

在 20 世纪 70 年代，随着民权运动对公共空间的需求，加之 20 世纪 60 年代末，城市重建计划与艺术干预之间的结合以及雕塑概念的修订，公共艺术的概念发生了根本性的变化。在这种背景下，公共艺术获得的地位不仅仅是公共空间中民族历史的装饰和可视化，还获得了作为场地建设形式的自主权和公共利益领域的干预权。公共艺术越来越注重公众的需求。美国城市文化政策的加强也带来了这种视角的改变，例如纽约公共艺术基金会（1977 年建立），以及美国和欧洲艺术项目在多个城市或地区百分比法案的确立。此外，自 20 世纪 60 年代以来，在当代艺术实践中出现的，针对机构展示空间的特定地点转向和特定空间的和谐性，从国家层面到地方层面一直在讨论对公共艺术重新定位，对在艺术作品和所处环境中不同人的思想立足点之间产生深切关联的需求提出不同的期望。

影响公共艺术的发展有一些关键的案例。20 世纪 60 年代地景艺术家选择在偏远的景观环境中进行大规模的、注重过程的参与性创作；1962 年在中世纪风格的斯波莱托市举办的斯波莱托艺术节创建了一个露天雕塑博物馆；1977 年德国的慕尼黑市开始策划每 10 年在城市公共场所举办一次艺术活动（慕尼黑雕塑项目）；在群体展览“当态度成为形式”中，迈克尔 · 海泽和丹尼尔 · 布伦的作品，扩大了公共空间的展览方式；唐纳德 · 贾德等艺术家的作品，以及戈登 · 马塔 · 克拉克对废弃城市建筑的临时干预都是以大尺幅取胜。

20 世纪 70 年代至 80 年代，中产阶级化和生态问题在公共艺术实践中浮出水面，成为公共艺术委托的主要动因和艺术家创作的宗旨。在地景艺术的概念结构及其将城市环境与自然重新连接的意愿中所隐含的个人、浪漫的内在因素，被美国艺术家艾格尼丝 · 丹内斯和德国约瑟夫 · 博伊斯的《7000 棵橡树》（1982 年）等项目转化为政治主张。这两个项目的重点都是通过绿色城市设计过程来提高生态意识，丹内斯在曼哈顿市中心种植 2 英亩的小麦田，博伊斯在德国卡塞尔以随机或者计划性的方式，在社区花园种植 7000 棵橡树和陈设玄武岩块（图 1–2）。近年来，各地出现了一些以废弃地改为绿地为目标的绿色城市更新项目，其中也

图 1-2　7000 棵橡树，城市造林替代城市管理，1982 年德国卡塞尔文献展的开幕式，在费里德里卡农美术馆门前的广场上堆积着 7000 个一米多长的花岗岩条石，艺术家约瑟夫・博伊斯在这堆条石旁中下了第一棵橡树，同时他号召想要参与人们的买下树苗和条石种到卡塞尔市内，不在卡塞尔的人可以请人代替种植。

图 1-3　音乐喷泉，1977 年，亚科夫・阿加姆（Yaacov Agam，1928 年—，以色列艺术家，动感艺术代表人物）。

包括公共艺术项目。2009 年的《高线艺术》就是如此，这是由高线委员会制定的计划，源于纽约市一部分铁路的改造；2012 年的《三角火车站》被打造成一个城市公园，源于柏林一个火车站的部分改造，该火车站自 2012 年起举办了一个露天当代艺术展览。

20 世纪 80 年代雕塑公园成为制度化的策展项目。早在 20 世纪 30 年代，旨在为博物馆画廊中难以展示的大型雕塑创造一个合适环境的公开或私人的露天雕塑展览和收藏的活动开始出现，而纽约皇后区的野口勇花园（1985 年）等经验表明，艺术作品和空间场所之间应该保持永久的关系。

巴黎的拉德芳斯商务区公共艺术的置入是现代城市景观建设的典范，在 20 世纪中期开始的建设把公共艺术内容纳入规划，几十件现代艺术家的作品，软化了国际主义和高技派建筑的几何空间的棱角，使之充满人文主义色彩（图 1-3）。

1986 年开始，美国基昂帝基金会在德克萨斯的项目中，启动了大型公共艺术设施的永久性作为一条可以遵循的规则。1985 年，由“建筑艺术”计划委托在曼哈顿联邦广场进行的一项重大互动项目，陈设了美国艺术家理查德・塞拉（Richard Serra）的《倾斜弧线》，后来被爱德华・德雷尔法官判决重新摆放，这项判决引发了关于公共艺术场所特殊性的讨论。理查德・塞拉在为其辩护时声称：“《倾斜的弧线》是为联邦广场这样的特定的场所设计的，是一项与特定现场相关的工作，因此不可以转移安置。转移就是破坏。”围绕《倾斜的弧线》的讨论表明，场所的特殊性在公共艺术中起着至关重要的作用。爱德华・德雷尔法官认为联邦广场的用户群体不容忍塞拉艺术作品的存在，但是作品获得了以艺术评论家道格拉斯・克里普为代表的艺术团体的支持，在这种情况下，观众有权决定公共空间艺术陈设的观点占据了上风。就这样公共艺术的定义渐渐清晰，包括关注公共问题的艺术项目（民主、公民权、融合）；涉及社区的参与性艺术行为；由公共机构委托和资助的艺术项目、艺术计划或社区建设的百分比法案等。

20 世纪 90 年代出现了新类型公共艺术：反纪念碑和纪念实践。

公共艺术对社会影响的作用越来越大，到了 20 世纪 70 年代，艺术家们开始全面参与公众活动，许多人对公共艺术采取了多元化的态度，以此延伸发展成为“新类型的公共艺术”，苏珊娜・拉西将其定义为“与身份政治和社会活动有关的面向不同受众的社会参与性互动艺术”。“新类型”的实践者不像以前的公共艺术那样隐喻式地讨论社会问题，而是希望明确赋予普通大众群体参与的权力，同时保持艺术审美吸引力。1993 年夏天，“雕塑芝加哥”馆长玛丽·简·雅各布推出了一个名为“实践中的文化”的展览，该展览遵循了新类型公共艺术的原则，旨在通过观众参与艺术来调查社会情况，特别是与那些通常不参与传统艺术博物馆的观众进行交流。尽管存在争议，但这种文化项目的实施为社区参与性公共艺术增添了新的模式，并超越了“新类型”。

早期的社会团体利用公共艺术作为社会干预的方式。例如在 20 世纪 60 年代和 70 年代，艺术家集体“情境主义国际”创作了“挑战日常生活及其机构的假设”的身体干预作品。另一个对社会干预感兴趣的艺术家团体“游击女郎”，从 20 世纪 80 年代开始，一直持续到今天。他们的公共艺术揭露了潜在的性别歧视，并致力于解构艺术世界中的男性权力结构。目前，他们还探讨了艺术世界中的种族主义、无家可归、艾滋病和色情文化等普遍性社会文化问题。

用艺术家苏珊娜·蕾茜的话说，“新类型公共艺术”是一种视觉艺术，它利用传统和非传统媒体，在广泛多样的受众中，就与其生活直接相关的问题进行交流和互动。她的立场意味着思考委托公共艺术的条件、与使用者的关系，以及在更大程度上对观众角色的不同解释。在汉斯·哈克和弗雷德·威尔逊等艺术家的制度性批评实践中，作品的公开性与公众舆论和公众领域争议性公共问题（如歧视性博物馆政策或非法公司行为）相对应。

在公共领域提出公众关注的重要问题也是反纪念碑哲学的基础，其目标是挖掘官方历史的意识形态。一方面，在通常用于机构叙事的公共空间中引入彰显爱心的元素，例如在珍妮·霍尔泽的作品中，就有阿尔弗雷德·贾尔的项目《你开心吗？》和费利克斯·冈萨雷斯·托雷斯的广告牌图片。另一方面，指向现存的公共雕塑和纪念碑的不一致性，例如有的艺术家利用多媒体在城市纪念碑上的视频投影，或者在 20 世纪 80 年代的反纪念碑建筑和在卡特彼勒赛道上一个底座是履带的巨大混合流行物体（1969—1974 年）——克劳斯奥尔登堡的唇膏广告。1982 年，耶鲁大学建筑系的大四学生林璎完成了越南退伍军人纪念馆的设计建设。林璎在这项工作中选择列出在越南战争中丧生的 57000 个死者的名字，而不制作任何图像来说明牺牲的场景（图 1–4）。

美国的公共艺术发展伴随这几十年的社会思潮转变，体现了新技术的应用。而日常的公共艺术建设延续了作为城市环境整体的部分元素的作用。这些作品虽然没有里程碑的意义，但是，它们是公共艺术的基石。

1.2.2 公共艺术在中国的发展

公共艺术在中国的发展要分成两部分来看。一是香港、台湾地区，这里的城市化发展比其他地区提前十几年，和外界的文化交往比较频繁，公共艺术也随之引入，并逐渐形成了自己的发展机制。改革开放使我国城市迅速扩张，到 20 世纪 90 年代中期在城市建设的需求下，公共艺术得以引进推广。

公共艺术这一汉语概念就是来自台湾地区的翻译，20 世纪 80 年代中期，“Public Art”被翻译成“公众艺术”，1994 年开始使用“公共艺术”作为更注重场所的表述，在概念混用一段时间后被慢慢接受。在 1995 年《雕塑》杂志创刊后举办的论坛中，“公共艺术”的概念开始为艺术界普遍使用。

中国台湾地区于 1992 年出台了《公共艺术百分比的有关规定》，其中规定“公有建筑物所有人，应设置艺术品，美化建筑物与环境，其价值不得少于该建筑造价的百分之一……价值高于该建筑物造价百分之一

图 1-4　越战纪念碑 (Vietnam Veterans Memorial)，林璎，邻近华盛顿纪念碑和林肯纪念堂。该纪念碑由用黑色花岗岩砌成的长 500 英尺的 V 字形碑体构成，用于纪念越战时期服役于越南期间战死的美国士兵和将官，平整光亮的黑色大理石墙上以每个人战死的日期为序，刻划着美军 57000 多名 1959-1975 年间在越南战争中阵亡者的名字。

图 1-5　缘慧润生，1996 年，600cm×1200cm×1200cm，台北交通大学。作品缘起于，杨英凤教授特别为 1996 年新竹交大百年校庆设计此一景观雕塑作为祝贺，并勉励莘莘学子期勉应把握因缘，体会宇宙循环的规律要领，促进生命，使生机无限。

图 1-6　泼水节——生命的赞歌，袁运生，1500cm×340 cm，1979 年，首都机场壁画。

者，应奖励。”并颁布了具体实际操作的规范，就是公共艺术操作中的公共化程序。相关部门还培育了九个公共艺术的示范点，以供研究和向各地区推广。

20 世纪 80 年代、90 年代台湾艺术的整体发展状况和大陆相比尚有很大距离，但是公共艺术却走在了前列，涌现了杨英凤、朱铭等一批在公共艺术上卓有建树的艺术家（图 1-5）。

中国大陆地区的公共艺术在改革开放前有一定发展，在城市公共空间里的艺术品设置开始出现。当然，如果以公共艺术的社会学定义，以公共价值的建立为前提，我们把公共艺术在大陆地区的起步定在改革开放比较合适。

1979 年初，为树立国家形象，增强国家影响力，由中央工艺美术学院组织机场壁画创作，以原中央工艺美术学院师生为主要力量，张仃等首都和十七个省市的美术工作者，组成机场壁画创作小组开始工作。《首都机场壁画》中反映历史神话的作品有《哪吒闹海》《白蛇传》，表现自然风光题材的有《巴山蜀水》《森林之歌》，取自民俗文化题材的《泼水节——生命的赞歌》和《民间舞蹈》，以及反映社会发展进程题材的《科学的春天》，多元的艺术作品面貌在改革开放后首次出现，打破了艺术创作的题材禁锢，开创了我国新时期艺术乃至文艺创作向多元化发展的新局面。《首都机场壁画》是在公共交通系统中出现的第一组公共艺术作品。首都机场壁画是改革开放之后由国家发起的一次集体美术创作，是中国现代公共艺术发展的里程碑，

图 1–7　拓荒牛，潘鹤，高 290cm，1984 年，深圳。

图 1–8　红军突破湘江纪念碑，叶毓山，高 1100cm，花岗岩，1995 年，广西兴安县。

机场壁画系列作品从创作组织形式、题材语言、社会影响及美学价值都充分体现了带有时代印记的公共性，掀起了 20 世纪 80 年代全国范围内的壁画创作热潮，甚至被视为中国改革开放的象征性事物（图 1–6）。

20 世纪 80 年代，中国经济快速发展，公共艺术有了广阔的舞台，在城市的节点出现了一批象征城市形象的作品。例如 80 年代中期，何鄂在兰州创作的《黄河母亲》雕塑，潘鹤为深圳创作的《拓荒牛》，潘鹤、程允贤等人的《和平少女》等。不锈钢作为公共艺术的常用材料开始使用，例如在北京有刘家洪的《节奏》、洛阳有《龙腾虎跃》等。石景山雕塑公园的出现是中国公共艺术发展史上具有标志意义的事件，此时西方雕塑公园建设也刚刚起步。这个时代产生了许多经典的公共艺术，这和几十年里对艺术创作饱有热情却鲜有发挥机会的艺术家能够全身心投入创作之中是分不开的（图 1–7）。

进入 20 世纪 90 年代，公共艺术的需求旺盛，各地城市景观建设如火如荼，城市雕塑成为一个产业。公共艺术活动成为一个风潮，桂林的愚自乐园、长春雕塑公园、威海滨海公园等开始建设。《雕塑》杂志创刊后就把公共艺术作为重要的学术内容推广，既有栏目上的理论研究，也主办了一年一度的雕塑论坛，集中研讨公共艺术问题。

20 世纪 90 年代的公共艺术逐步成熟，数量多，题材广泛，形式多样。代表作品有福建湄洲岛上蒋志强、李维祀的《妈祖像》、北海市魏小明、刘少国的《潮》、广西兴安叶毓山的《红军突破湘江纪念碑》、青岛黄震的《五月的风》等。1997 年香港回归，中央人民政府组织艺术家创作了《永远盛开的紫荆花》；为庆祝新世纪到来，北京市政府委托艺术家创作的大型浮雕《中华千秋颂》等，都是具有历史意义的公共艺术品。在社会功能上，中国的公共艺术满足新时代对公共空间艺术的审美需求，也是政府层面进行思想文化宣传的手段（图 1–8）。

进入 21 世纪以来，公共艺术建设从城市空间的配角成为被关注的中心，在城市规划中成为必要的元素。在打造城市形象、促进文旅发展的政策导向下，公共艺术建设被放在了很重要的位置。和中国任何建设一样，几十年里公共艺术呈现爆发式增长。整体来说艺术水准在提升，许多造型具有较高的艺术价值，制作加工也非常精良，与环境的关系也处理得较为得当。当然，在经济利益、艺术家水准、决策者审美水平的影响下，也产生了大批制作水平不高的作品。从现象学的角度看，这些都是时代的反映。

公共艺术在中国几十年的发展基本完成了公共艺术在中国城市的布局，设计逐步成熟，积累的经验在后续的建设中会发挥作用。

1.3 公共艺术的功能

公共艺术的内涵和外延决定了它的功能，它首先是艺术，是特定空间里的艺术，具有公共属性，是城市发展到一定阶段完善人居环境的必要组成部分，那么，公共艺术就具有与之相关联的功能。它具有作为艺术品的基本审美功能，这是附加其他功能的基础。公共艺术作为凝固的文化符号，对地域产生文化影响，丰富文化内涵，提升文化品格。其在公共空间可以起到凝聚人心，促进沟通的作用。另外，作为城市基础设施的一部分，公共艺术构造城市景观，建设投资本身就可以拉动经济，并成为文旅项目的重要内容，甚至成为一个区域旅游的核心，公共艺术在经济上的作用远远大于其他艺术语言形式（图 1–9）。

每件公共艺术均具备这些功能，当然侧重点又有所不同，场所因素、时代因素对公共艺术的作用都有影响，而且在不同的空间、时间内作用又有所不同，并不断被丰富定义。

1.3.1 审美作用

公共艺术具有艺术品最为基本的功能：审美功能。具体来说，审美功能包括认知、教育、愉悦三个功能。

公共艺术的审美认知功能表现为对社会、历史、人生或者自然的认识。比如 1993 年，西班牙雕塑家奇利达为德国明斯特市政厅创作了《正式对话》，纪念《威斯特伐利亚和约》，该和约是指 1648 年 5—10 月间在威斯特伐利亚地区内的奥斯纳布吕克和明斯特签订的一系列条约，是近代第一个国际法和约，标志着欧洲一系列宗教战争的结束。《威斯特伐利亚和约》结束了欧洲历史上有近八百万人丧生的动荡时期。学者普遍认为，威斯特伐利亚和约的签订标志着基于威斯特伐利亚主权概念的现代国际体系的开始。通过这件作品可以认知历史，并引导人探究历史（图 1–10）。

公共艺术的审美教育功能可以分为以情感人、潜移默化、寓教于乐三个方面。例如纪念曼德拉因反抗种族歧视而入狱 50 周年设计的《曼德拉纪念雕塑》。这座雕塑位于豪伊克市，雕塑并未采用常见的大理石材质和写实手法，而是使用了 50 根 10 米长的钢柱来构成曼德拉头像。雕塑正面显示的曼德拉肖像选用竖起的钢柱为媒材和形式，则是为了指代监禁这一物象。当观众步行通过雕塑的钢柱结构时，这些钢柱仿佛一束包含千万光线的光束，象征着团结的力量和正义的政治斗争。并且雕塑还表明了政府对种族隔离试图阻止斗争的讽刺。作为一件内涵丰富的雕塑作品，其外部环境也与作品本身相当契合。参观者可以通过公共艺术的鉴赏活动，从心里面受到真善美的熏陶和感染，思想上受到启迪，在潜移默化中受到教育（图 1–11）。

公共艺术的审美娱乐功能，主要表现为精神的享受和审美愉悦。例如位于巴黎市郊拉德芳斯中央商务区的米罗雕塑《与杏花游戏的情侣》，作品的抽象表现主义形式优美，充满着生命脉动的力量，在几何化工业时代的建筑下，营造了软化环境的形式美感，令欣赏者难以忘怀，从而使其审美需要得到满足，获得精神享受和审美愉悦，令人赏心悦目、畅神益智（图 1–12）。

1.3.2 提升文化

公共艺术凝聚着一个城市的文化精神。艺术是文化的一个领域或文化价值的一种形态，它与宗教、哲学、伦理等并列。在一个以人为本，以人的全面发展为中心的新世纪里，人们追求的是更精致的生活和全面的发展。因而发展城市公共艺术对于建设新型的城市社会生活至关重要。都市环境的规划以及都市中公共艺术品

图 1-9 生命之泉，塞茵那石，320cm × 600cm × 100cm，菲林 · 盖尔吉（Filin Gherghi），1995 年，意大利巴乌鲁 · 内尔 · 弗里纳诺。

图 1-10 正式对话(Dialogue Toerance)，奇利达，钢铁，1993 年，德国明斯特市政厅，为纪念 1648 年通过的《威斯特伐利亚和约》而建。

图 1-11 曼德拉纪念雕塑，马尔科 · 钱法内利（Marco Cianfanelli），由 50 根钢柱组成，宽 5.19 米，高 9.48 米，长 20.8 米，豪伊克市，2012 年。

图 1-12 与杏花游戏的情侣（Pair of Lovers Playing With Almond Blossom），铸铜烤漆，高 12 米，米罗（西班牙）。

的呈现，正体现了这一地区经济文化的发展，因此城市的公共艺术和环境景观形态对于该市的风貌、气息及个性形象的辨识和张扬起着重要的作用。

公共艺术是文化传承的重要载体，是认知城市文化传统和精神的窗口。一方面公共艺术传承传统文化，另一方面又丰富文化内容，成为城市文化的一个重要部分，推动文化的发展。丹麦首都哥本哈根的《小美人鱼》是一座世界闻名的铜像，位于丹麦哥本哈根市中心东北部的长堤公园 (Langelinie)，已经是丹麦的象征。远望这个人身鱼尾的美人鱼，她坐在一块巨大的花岗石上，恬静娴雅，悠闲自得；走近这座铜像，看到的却是一个神情忧郁、冥思苦想的少女。铜像高约 1.5 米，基石直径约 1.8 米，是丹麦雕刻家爱德华 · 艾瑞克森根据安徒生童话《海的女儿》铸塑的。《小美人鱼》雕塑作为至关重要的文化形象，已经成为哥本哈根乃至丹麦的象征。

1.3.3 人群沟通

公共艺术的核心是艺术的公共性，公共性意味着交往、沟通、强调共同的社会秩序和个人的社会责任。那么，公共艺术最本质的特点一定是要起到与公共空间或者公共人群产生互动交流的作用。

公共艺术所营造的空间一般会成为大众交流的重要场所，可以是日常休闲的场地，约定地点的标志，或

图 1-13　佛瑞蒙怪兽，斯蒂文·巴德尼斯（Steve Badanes），混凝土，高 5.5 米，1990 年，华盛顿州西雅图的佛瑞蒙社区，奥罗拉大桥（华盛顿纪念桥）北端基座下。作者是一名建筑工人，从来没有做雕塑的经历。如今，佛瑞蒙怪兽已成为西雅图著名的景点。

者群体活动的集中地。公共艺术本身往往就是重要的纪念场所。

公共艺术可以起到对社会干预的作用。20 世纪 70 年代，西方艺术家们开始全面参与公民活动，许多人对公共艺术采取了多元化的态度。这种方法最终发展成为“新类型的公共艺术”，苏珊娜·拉西将其定义为“面向不同受众的社会参与、互动艺术，与身份、政治和社会活动有关”。

一些形式的公共艺术旨在鼓励观众以亲身实践的方式参与。例如安装在安大略科学中心前面的主要建筑中心实践科学博物馆的公共艺术。这个永久安置的艺术品是一个喷泉，也是一种乐器，公众可以在任何时候体验。公众通过阻塞喷水器，通过雕塑内部的各种发声机制，与作品进行互动，迫使水进入雕塑内部。位于墨尔本市比勒朗马尔的联邦钟也是一种公共艺术创作，可以作为一种乐器发挥作用。1980 年，美国密歇根州底特律市的艺术家吉姆·帕拉斯创造了第一个永久性的大型互动公共艺术，名为“光的世纪”，其中一个巨大的室外灯罩以复杂的方式对雷达探测到的游客的声音和运动作出反应，持续了 25 年，直到它被人为地破坏掉。

1.3.4 经济上的作用

公共艺术的发展反映城市的发展状况，大多数发达城市公共艺术的设置也较为成熟。公共艺术在城市发展中扮演的角色被重视以后，公共艺术逐步被纳入城市建设资金的法律或类似支持保障体系之中，从而使公共艺术成为拉动经济的内需之一。

公共艺术正在成为一个独立的产业，涉及公共艺术设计、制作、维护等几方面。尤其是在中国这样需求旺盛的地方，产业规模很大，甚至有些地区以公共艺术制作为支柱产业，例如浙江温岭的不锈钢艺术加工、福建惠安的石雕、河北唐县的金属铸造等。

公共艺术也会成为重要的文旅项目。法国巴黎的拉德芳斯地区为中央商务区，20 世纪 70 年代的整体公共艺术置入计划让原本单调的街区变成人文色彩丰富的地方，吸引大量游客参观。西雅图是美国较早把对公共艺术的投入纳入城市改造项目中的城市，其规定 1% 的改造资金必须为公共艺术设施保留。至今，在西雅图的公共艺术品超过 3000 座。其中，永久性的艺术品超过 380 座。步行在西雅图这座城市中，会发现每一个街区都有公共艺术。从公园到图书馆，从社区到街道，每天这些公共艺术品都会为每一个经过它们的人带来灵感与思索，同时让艺术家得以发声。这些公共艺术成为西雅图魅力的重要组成部分（图 1-13）。

西班牙城市圣塞巴斯蒂安几乎是靠奇利达的公共艺术挽救的城市。城市在 20 世纪 60 年代走向衰落，70 年代开始有计划地陈列奇利达的公共艺术作品，公共艺术迅速扮靓整个小城，其与电影节、美食节一同使圣塞巴斯蒂安成为西班牙四大旅游目的地之一。

1.4 公共艺术的类型

1.4.1 公共艺术的主要类型

明确了公共艺术定义，就可以具体指出公共艺术包含的主要类型。大致可以分为景观雕塑、浮雕和壁画、地景艺术、装置艺术、光电和数字艺术。这些类型之间存在交叉，例如景观雕塑可能也是装置艺术，浮雕和壁画可能采用光电和数字艺术，而且现实的类型也不仅限于此，有综合的形态及新的类型不断产生。现姑且以此分类，形成一个把公共艺术归类的方式。

1.4.2 景观雕塑

景观雕塑主要使用于园林景观或城市景观等户外景观场所。景观雕塑区别于架上雕塑，一般形体相对较大，要适应特定空间场所要求，在审美方面反映公共审美取向，材质方面需要考虑防风雨、防紫外线要求，主要采取铜、不锈钢、玻璃钢树脂、天然石材等，并要求解构、承重等安全技术要求（图 1–14）。

景观雕塑从造型上主要分为写实雕塑与抽象雕塑。根据景观雕塑所起的不同作用，可分为纪念性景观雕塑、主题性景观雕塑、装饰性景观雕塑和陈列景观雕塑四种类型。

景观雕塑的历史和城市发展的历史相同，在公共艺术时代，它是公共艺术的主要类型。

1.4.3 浮雕和壁画

浮雕是雕塑的一种，壁画是墙壁上的艺术，即人们直接画在墙面上的画。浮雕壁画的概念属于雕塑的，也是属于壁画的。作为壁画的一种类型，浮雕艺术更具有立体感，是两维的。但是，无论是壁画的概念，还是浮雕壁画的概念，都是建筑的一个组成部分，即浮雕壁画是依附于建筑的，是建筑环境的组成部分（图 1–15）。

浮雕壁画更是指浅浮雕，起位较低，形体压缩较大，平面感较强，更大程度地接近绘画形式。它主要不是靠实体性空间来营造空间效果，而更多地利用绘画的描绘手法或透视、错觉等处理方式来造成较抽象的压缩空间，这有利于加强浮雕适合于载体的依附性。

室内浮雕、壁画及有关艺术手段的应用效果，从功能方面看可分为大型厅堂、小型厅堂（又分餐厅、会议厅、会客厅）、居家厅室等；从空间造型应用范围看，可分墙壁、天花板、柱体等。无论功能怎样不同，应用范围怎样有别，都要遵循建筑空间装饰艺术的统一法则。室外浮雕和壁画也基本遵循这一原则，当然，有些时候可以从建筑体中独立出来。

作为公共艺术的浮雕和壁画，其前提是公共空间的装饰艺术品。多集中于城市大型公共建筑的外立面，公共交通设施空间，一般来说，尺幅多为 10 平方米，材料多为金属、石材、陶瓷等耐久性材料。

1.4.4 地景艺术

地景艺术又称“大地艺术”“土方工程”，是 20 世纪 60 年代末出现于欧美的一种美术思潮。它是指艺术家以大自然作为创造媒体，把艺术与大自然进行有机结合而创造出的一种富有艺术整体性情景的视觉化艺

图 1–14　北方的天使（The Angel of the North），安东尼·格姆雷，钢铁，高 20 米，翼展 54 米，1998 年，位于英国纽卡斯尔郊区盖茨黑德。现在为北英格兰的著名地标，每年有将近 150000 名旅游者慕名而来参观。安东尼·格姆雷厌恶基督教将肉体视为罪恶，灵魂又因为亚当和夏娃带有原罪，他认为，基督教灵魂中永恒的概念本身就是错的。我们只能生活在此刻，我们必须努力做到直接行动，将自己从反其道而行的行为中解脱出来。

图 1–15　1884 年的中国工人，欧内斯特·马尔扎（Ernest Marza）32m×3m，加拿大苏美尼斯壁画节，1984 年。18 世纪末，许多中国劳工被带到加拿大西部，有些去了苏美尼斯的锯木厂。壁画中 23 个中国劳工在奋力把巨大的树干放到锯床上。

图 1–16　包裹峡谷，里斯托夫妇，美国的科罗拉多大峡谷，3.6 吨的橘黄色尼龙布，悬挂在相距 1200 英尺的两个山体斜坡夹峙的 U 形峡谷间，1970—1972 年，饱和度极高的橘色，在青茫茫的山色之间呈现出一种张扬又热烈的美。

图 1–17　大地之子，董书兵，15m×4.3m×9m，红砂岩，甘肃省瓜州县红山坡戈壁滩，2016 年。

术形式。和同期盛行的其他艺术形式一样，大地艺术也是对传统、权威的颠覆和消解。

艺术家们受到装置艺术、现成品艺术形式的启发，把装置艺术中的天然物质扩大并还原到大自然中去，彻底告别博物馆和展览馆，把大自然作为艺术创作的材料和场地，按意愿进行改造和布置，从而使艺术观念和自然形态紧密地结合起来。1968 年，首次大地艺术展在美国纽约的“杜旺画廊”举行，但由于时代的局限性，该次展览所展出的只是大地艺术创作现场拍摄的一些照片（图 1–16）。

这次类似于摄影展的展会虽然有很多不足，但仍然让人们认识到了大地艺术这种新的表现形式的存在，并宣告了大地艺术的正式诞生。如果说行为艺术是时间的艺术，那么大地艺术就是空间的艺术，艺术家们以广阔的大自然代替了传统的画布，进行了大胆的改造，不仅创造出新的艺术表现形式，还扩充了艺术创作的材料、范围和空间，使大地艺术最终完成了对现成品艺术的再次颠覆。

主要的大地艺术家有克里斯托、史密森、海泽、安德烈、玛丽亚、莫里斯、奥本海姆、维特等。中国艺术家近年来也进行了大地艺术的创作，董书兵的《大地之子》是代表性作品之一（图 1–17）。

图 1-18　装置艺术，温哥华街头，2018 年。

图 1-19　关于石头 1372 公斤光的想法（Giuseppe Penone's 'Idee di Pietra - 1372kg di luce'），（意大利）朱塞佩·彭尼，综合装置，金属、石材、鹅卵石，2016 年。

1.4.5 装置艺术

公共艺术的形式是多样的，装置艺术是其中的一个类型。简单地讲，装置艺术就是“场地＋材料＋情感”的综合展示艺术，是指艺术家在特定的时空环境里，将人类日常生活中的已消费或未消费过的物质文化实体，进行艺术性地有效选择、利用、改造、组合，以令其演绎出新的展示个体或群体丰富的精神文化意蕴的艺术形态。

装置艺术有其自身的特点。首先它是一个能使观众置身其中的、三度空间的“环境”，这种“环境”包括室内和室外，但主要是室内，是艺术家根据特定展览地点的室内外的地点、空间特地设计和创作的艺术整体。就像在一个电影场里不能同时放映两部电影一样，装置的整体性要求相应独立的空间，在视觉、听觉等方面，不受其他作品的影响和干扰。观众介入和参与是装置艺术不可分割的一部分，装置艺术是人们生活经验的延伸（图 1-18）。

装置艺术创造的环境，是用来包容观众、促使甚至迫使观众在界定的空间内由被动观赏转换成主动感受，这种感受要求观众除了积极思维和肢体介入外，还要使用他所有的感官：包括视觉、听觉、触觉、嗅觉，甚至味觉。装置艺术不受艺术门类的限制，它自由地综合使用绘画、雕塑、建筑、音乐、戏剧、诗歌、散文、电影、电视、录音、录像、摄影等任何能够使用的手段，可以说装置艺术是一种开放的艺术手段。为了激活观众，有时是为了扰乱观众的习惯性思维，那些刺激感官的因素往往经过夸张、强化或异化。一般说来，装置艺术供短期展览，不是供收藏的艺术。装置艺术是可变的艺术，艺术家既可以在展览期间改变组合，也可在异地展览时，增减或重新组合（图 1-19）。

1.4.6 光电和数字艺术

当代社会科学技术迅速发展，其对社会、生活乃至包括艺术在内的上层建筑的渗透、影响日益增大，科

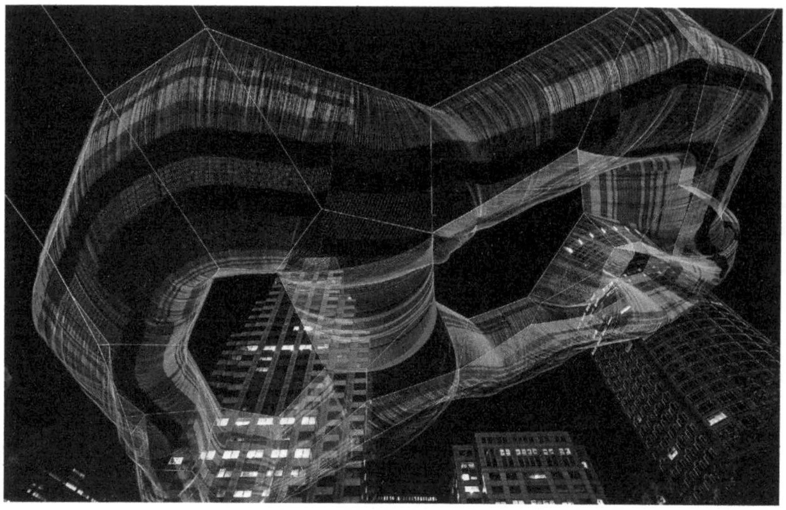

图 1-20 美国艺术家珍妮特·艾克曼（Janet Echelman）最新的空中雕塑，悬挂在波士顿的肯尼迪绿廊（Rose Kennedy Greenway）上，2015 年 10 月。由绳索和麻绳制作，雕塑在空中飘浮 365 英尺。用极其柔软的材料构成，结合科技和艺术，将呈现出星云的效果。她的作品使用彩色网状结构在空中搭建巨大的飘浮作品，材料柔软通透，可随风运动而自由改变形体，再配合灯光效果，炫目如极光。而在悬挂建筑主体之间的空间就是一个虚拟的封闭空间。

学技术在发展自身的同时改变着社会，改变着一切，事物、学科之间的交叉整合已成为必然的趋势。艺术在与科学技术的互动中发生了重大的变革，多媒体艺术、信息艺术得到从无到有的发展，新材料、新形式、新问题不断出现，需要建构新方法、新视角，研究新的问题（图 1—20）。

1.5 公共艺术的形式要素和构成法则

公共艺术和建筑、环境艺术一样，有构成的要素和构成的形式法则。人们感知空间产生直接影响的要素有：形式与形体，即所有的造型元素；光线，包括日光、灯光照明、平光、背光等；色彩，包括色相、彩度与明度；质感，材料的质地与肌理。在这四项中，形式对空间的影响最大，也最为关键，因此，我们侧重于形式对空间限定方面的探讨，同时也注重光线、色彩、质感要素对空间的影响（图 1—21）。

1.5.1 形式要素的组成

公共艺术形式的特殊性取决于它的形式要素，主要分这样几个方面：尺度和视角、材料和技术、色彩和肌理、光影的影响和使用、空间营造（图 1—22）。

公共艺术陈列在各个不同环境之中的特点就会限定人们的观赏条件。对于公共艺术的观赏效果必须事先做预测分析，特别是对其体量的大小、尺度研究，以及必要的透视变形和错觉的校正。较好的观赏位置一般选择处在观察对象高度 2 ~ 3 倍以上的位置比较适当，如果要求将对象看得细致些，那么人们前移的位置大致处在高度 1 倍距离。观赏的视觉要求主要通过水平视野与垂直视角关系变化加以调整（图 1—23）。

视线图解法可以在公共艺术中加以应用，帮助我们研究公共艺术与周围环境的关系，形容它们自身的有关尺度和视角的关系。

图 1-21　皇冠喷泉（Crown Fountain），西班牙艺术家乔玛·帕兰萨（Jaume lensa），两座相对而建的、由计算机控制 15 米高的显示屏幕，芝加哥千禧公园。

图 1-22　西北通道之门（the gate of the north-west passage），钢铁，高约 500 厘米，郑鸿（Chung Hung 音译），温哥华，1980 年。

图 1-23　鸟，梅芬威·麦克劳德（Myfanwy MacLeod），不锈钢、硬塑料泡沫板、青铜，2010 年，温哥华。

图 1-24　黑太阳，野口勇，黑色花岗岩，1969 年，美国西雅图亚洲艺术中心广场。日裔美国人野口勇（1904–1988 年）是 20 世纪最著名的雕塑家之一，也是最早尝试将雕塑和景观设计结合的人。野口勇曾说："我喜欢想象把园林当作空间的雕塑。"

1.5.2 公共艺术的构成法则

公共艺术作为一个艺术门类，涉及的几个基本形式要素必然要遵循一个构成法则来构成，尽管艺术形式由于审美观念的不同而千差万别，但是这种差异是在统一的美的标准和尺度之内的差异，即多样性的统一。

形式美的法则是人类在创造美的形式、美的过程中对美的形式规律的经验总结和抽象概括。主要包括：对称均衡、单纯齐一、调和对比、比例、节奏韵律和多样统一。

公共艺术形式美的法则是艺术家在设计创造中遵循的一般规律。通过研究、探索形式美的法则，可以培养我们对公共艺术形式美的认知，指导我们的设计实践。掌握公共艺术形式美的法则，能够使艺术家自觉地运用形式美的法则表现创造作品，达到美的形式与美的内容高度统一（图 1-24）。

多样性的统一具体体现为主从、对比、韵律、比例、尺度、均衡等范畴，这些范畴不是孤立存在的，而是共同发生作用的。

多样统一是统一中求变化，在变化中得整一。公共艺术的几个构成元素要按照一定的内在联系构成一个整体。公共艺术设计中要处理好艺术主体和空间环境的图底关系。

1.6 公共艺术的创作路径

公共艺术的"公共"和"艺术"使得其设计路径具备全民参与性、在地唯一性、艺术独立性兼具的特点。此外公共艺术是空间的艺术，是视觉语言和体验感的结合。

1.6.1 公共空间的调研和分析

公共艺术设计是一个综合系统，必须做好前期的充分准备，做好空间的选址、调查、研究、分析工作。公共艺术的空间具有在自然和人文方面的唯一性，那么要调研空间的尺度、特征、周围的环境状况，以此来推衍出公共艺术合理的尺度、材料、放置角度等形式因素。空间的人文特征包括空间所在地历史文化风貌，观众主体的文化层次、审美取向、人流状况等，这些因素决定了公共艺术的题材和语言形式。

1.6.2 艺术构思和草图

艺术家的纯粹创作构思往往是发散式的，少有限制，而公共艺术和所有的设计类艺术一样，要在限定的前提条件下发挥创造的能动性，有一个明确的最终目标。公共艺术家的构思要基于在空间调研和分析的准备基础上，创作思路才好逐步展开。艺术家要梳理出几个关联密切的题材，题材可以有具体的情节内容，也可以是以具有地域色彩的某种时代精神结合空间环境的基本条件进行创作。

构思是艺术家把生活素材升华为艺术作品所进行的由感受到思索、由思索到发现以至形成艺术意象的过程。构思是艺术设计的中心环节，其总体任务是按照一定的创作意图对原始形态的生活表象进行改造创作，使之升华为具有一定审美价值的艺术意象，把零散的审美感受，凝聚为体现审美评价的审美理想。具体任务大体为确定题材、发掘主题、塑造人物形象、提炼情节、设计作品的整体结构。其中主题的发掘和深化是中心环节，构思过程中的其他因素都围绕它而变动、发展；艺术意象的典型化，居于构思过程的关键地位。艺术构思大体经历形象触发、形象孕育、形象形成三个阶段。公共艺术的构思需要把艺术作品的主体和环境作为一个整体进行充分考虑。

艺术构思中常见的和重要的心理现象有：回忆与沉思，想象与联想，灵感与直觉，理智与感情，意识与无意识。

草图是表达设计或者形体概念的初始化阶段，充满了可以继续推敲的可能性和不确定性，但是应该能够表达初期的意向和概念。草图具有图纸特点和大致的比例和形体的准确度。因此，草图以能够说明基本意向和概念为基本要求，不要求很精细。

草图和构思是同步进行又相互影响的，草图能够帮助构思的深化，深化的构思又需要草图来验证。循环几次的推敲才能得到较为理想的草图。

1.6.3 设计图的制作

设计图的制作是公共艺术创作的关键阶段，这决定了公共艺术最终实现的效果。一般来说，公共艺术的设计图要有完整的作品图、整体环境图，以期呈现虚拟效果，是自己和他人判断设计的依据。

设计图包括环境平面图、立面图、人流分析图、作品图、效果图、视角分析图等。传统设计图主要依靠手绘，近二十年主要使用电脑制作。大多设计图要求和景观设计要求相同，可以把公共艺术设计看作景观设计的一个部分。三维软件的使用将公共艺术设计的虚拟图像效果空前提高，可以从不同的视角观察，得出最佳的设计效果。

1.6.4 艺术的实现

不同的设计有不同的艺术实现手段。在设计图通过以后，一般要制作小样，具象雕塑要求精确的小稿，浮雕、壁画提供局部制作样本就足够了。3D 技术使用以后，制作转移到了电脑上，完成图以后，可以三维打印，甚至大型三维打印也比较普遍。具象雕塑的艺术家创作的随机成分多，通过对小稿的 3D 扫描放大也比较容易。不同材料技术要求的公共艺术加工制作都有专业的制作厂家。他们可以提供有保障的服务，甚至完成比预想还要精美的作品。

每个公共艺术家都应该充分了解公共艺术的制作技术，这样可以在设计阶段把制作作为思考的一个因素，可以避免设计效果好，却实现不了的遗憾。同时，可以帮助我们从技术的角度构思，创作出技术上独特的作品。

当然，公共艺术还涉及结构力学、技术安全、材料的耐久性等因素，这些也需要在设计中考虑进来。

最后完成安装，一件公共艺术作品便诞生了。

第2章 公共艺术的形式范畴和法则

2.1 尺度和视角

公共艺术设计中尺度和视角的变化，给予观者以不同的感官感受，在公共艺术设计当中，空间场所中的各种尺度与控制的研究显得尤其重要。因为公共艺术是空间的艺术，也是视觉艺术范畴。当空间与视觉结合时就会产生尺度。

在公共艺术设计当中，要把握公共艺术与空间的关系，就要对公共艺术设计作品的尺度与视角进行充分的把握。本章节内容重点阐释公共艺术设计中的尺度设计规律，视角空间呈现，并辅以尺度与视角的应用实例，给予公共艺术设计者以应用参考。

2.1.1 相互联系

尺度，通常指空间设计中艺术构筑物整体和局部构件与人或人所习见的某些特定标准之间的大小关系。尺度作为公共艺术设计中的重要组成部分，它所宣扬的是空间与人体之间的相对关系，以及空间中的各构成要素之间的大小关系而形成的一种大小感觉。视角，通常指观察物体的角度，人们从物体两端（上、下或左、右）引出的光线在人眼光中心处所成的夹角，物体越小，距离越远，视角越小。视角还具有看问题角度、观点的延伸含义。

公共艺术设计中不同空间尺度随着观者视角的不同，体现出不同的空间体验感，人们通过视觉感受，感知环境，接受形象，从而产生心理联想，产生形象记忆。视觉信息在外界刺激中比例最大，听觉次之，皮肤觉（温度、触压、干湿）再次之。例如小尺度带给人舒适宜人的感受，大尺度空间则气势壮阔、感染力强，令人肃然起敬。

公共艺术设计的作品艺术质量效果，就是根据人们的视觉感知反映来评价的。尺度、视角，是公共艺术设计中的首要设计因素，与材料、技术、色彩、肌理、光影、空间营造等共同构建了公共艺术设计的形式范畴与法则。

2.1.2 尺度规律

2.1.2.1 尺度方法

（1）自然尺度

公共艺术设计要与它所处的自然环境相协调的尺度，即应用某种为人所熟悉的景物作为尺度标准，来确定群体景物的相互关系，从而得出合乎尺度规律，融入周围自然环境的公共艺术设计。如在公共艺术设计中，应用形式美法则规律，通常会综合应用对比、重复等相应手法，以周围植物、建筑物等作为公共艺术的设计背景，从而使公共艺术作品与周边环境、景物产生互动效应。对比的要素给予人们的视线尺度与其真实的尺度之间的关系是一致的，这被称作自然尺度。

公共艺术设计作为艺术构筑物的局部，在局部及空间整体之间与人便形成了一种相协调的比例关系，或者是形成自然协调的空间关系。任何一种公共艺术作品在其不同的环境中，应有不同的尺度，在特定的环境中形成特定的与周围协调的尺度要素，这种尺度要素顺延到另一空间环境中时，未必能达到与周围协调的效果。

图 2-1　无声的进化

图 2-2　鲗鱼涌公园中的公共座椅系统

公共艺术设计在于因地制宜，在于将设计作品融于自然，如同生长于自然。放置在墨西哥坎昆国家海洋公园 MUSA 水下艺术博物馆的作品《无声的进化》（图 2-1），是英国艺术家在墨西哥湾火山地震之后，在非常漂亮的海底重新考古到史前的文明后，根据史前文明的资料重新植入 500 多个和当年的建筑相同的雕塑，三五年之后，这些雕塑和海底生物长在一起，变成了新的海底景观和海底公园。

（2）人的习惯尺度法

对于公共艺术设计而言，习惯尺度是以人体各部分尺寸及其活动习惯尺寸规律为准，来确定作品的具体尺度。如亭子、花架、水榭、餐厅等尺度，就是依据人的习惯尺度法来确定的。为了研究公共艺术的整体和布局给人以视觉上的大小印象和其真实尺寸之间的关系，通常采用不变的因素与可变的因素进行对比，从其比例关系中衬托出可变因素的真实大小。然而，这个不变的因素指的是人，因为人是具有被大众所认同的真实尺寸，而且尺寸变化不大。以人为标尺也易于被人们所接受。香港康乐及文化事务署委托香港艺术中心及香港公共艺术进行创意公园家具的计划，将鲗鱼涌公园部分沿海地段打造为一个集自然及创意元素的舒适理想地。艺术家何存德以森林里灵活多变的藤蔓为原型，构想十七件由环保橡胶简称的单元模块，排列出一套蜿蜒曲折又活力四射的公共座椅系统（图 2-2），经由不同的设计配合可变化出无穷的可能性，不受环境和规则的束缚，茁壮的生长在香港的鲗鱼涌公园，三组艺术座椅表现出大自然丰沛的生命力，其悦目的形态带动游人融入环境，更能感受公园的闲适，座椅突显周边园林水漾的景致，令这独特的海滨公园化身成都市中的绿洲，也成为城市的标志。

（3）夸张尺度

随着现代社会生活节奏的加快，交通、通信工具的广泛应用，使我们普遍感觉到所处的空间正在逐渐缩小，所以在公共艺术设计中，设计师们往往将尺度扩大，以此来达到一定的视觉平衡。所以最近许多公共艺术设计尺度在水平或垂直方向上相比于过去，都会形成效果夸张的视觉效果。如可以将尺度上的夸大进行一定程度的控制，则会使作品显得更具视觉刺激性和冲击力。将景物放大或缩小，以达到造园意图或造景效果的需要。

芝加哥千禧公园（Millennium Park）的雕塑《云门》（Cloud Gate）（图 2-3）就是一个很好的例子。它的主体造型类似于一个椭圆，高 33 英尺、长 66 英尺、宽 42 英尺，采用抛光不锈钢外表制成，远远看去就像是一滴水银。这么大尺度的雕塑给受众所留下的印象绝对是深刻的，它的目的也就是让受众产生共鸣，从而成为不朽之作。

在俄罗斯圣彼得堡圣彼得和保罗要塞的休息室外面草坪上，艺术家弗洛伦泰因 · 霍夫曼（Florentijn

图 2-3　云门

图 2-4　日光浴野兔

Hofman）设计了一个名为《日光浴野兔》的巨大公共艺术作品（图 2–4），这只交叉双腿、张开双臂的兔子，以欢快的姿势，斜倚在草坪上，显然懒惰的小家伙非常懂得享受悠闲时光。近 15 米长的夹板和公共艺术片设计兔子休闲景观，并涂上粉红色鼻子，眼睛微笑，非常具有魅力和奇思妙想。设计师鼓励海滨公园的游客与这只巨大野兔进行互动亲密接触，游客可以在它的大型爪子和耳朵，或身体部位上走动，沐浴日光，放松心情或嬉戏，度过休闲时光。

2.1.2.2 尺度感知

公共艺术设计强调的是开放空间，设计师关注的首先是人在户外开放空间（公园、街道、广场等）中对于艺术作品尺度的心理感知反应。设计师不仅仅要考虑尺度的适宜性，更要考虑尺度与心理反应的关系。

根据 E. T. 霍尔提出的人性交往的四种距离尺度：（1）亲密距离：人和人的距离小于 0.5 米，主要靠嗅觉和触觉，视觉并不重要；（2）私人距离：人与人的距离为 0.5 ~ 1 米，触觉和嗅觉起到一定的作用，视觉起主导作用；（3）社交距离：人与人的距离为 1 ~ 2.5 米（较小），或 2.5 ~ 5 米（较大），认知主要靠视觉和听觉；（4）公共距离：人与人的距离为 5 ~ 10 米。如空间各个区域景观座椅的设置，如湖面上的景观亭内的座椅，其长度通常设定在社交距离的范围之内，按照人的普通心理，同座的人往往是相互认识的，能够交流，这就为人们的交流提供了一定程度的私密性；过短的间距容易造成人们心理的紧张感，没有人愿意自己的谈话被别人听到。

公共艺术设计中，尺度感知将会是最直接影响到受众心理感受的存在。丹麦艺术家奥拉维尔 · 埃利亚松（Olafur Eliasson）创作的《纽约瀑布》装置（图 2–5），是其用科技手段创造的四座具有强烈视觉冲击力的巨大人工瀑布，于 2008 年在美国纽约四个地方实施，埃利亚松对这件作品的解释是："它能让人们从另一个角度重新审视水。不仅仅是水本身，还有水的价值。"这样巨大尺度的作品，唤醒了人们对于环境保护的意识。

2.1.2.3 融人空间

公共艺术作品所在场域，往往是供人休憩、游乐、赏景的场所，一般应具有轻松活泼的艺术气氛，应当亲切宜人，所以必须符合人体尺度。例如位于耶路撒冷 Vallero 广场，由以色列 HQ 建筑事务所（HQ Ar–

图 2-5　纽约瀑布

图 2-6　盛开的花朵

chitects）设计的《盛开的花朵》装置（图 2–6），是当地政府为改善城市空间而发起的项目。四朵花被举到 9 米多高的半空，分别放在两处关键的位置，从广场及各个路口都可以看到鲜红的花朵，当人或其他运动物体经过花朵下方时，花蕊处的感应器便会探测到，从而使花朵绽开。当人离开一段时间后，花朵又会慢慢收起，当夜幕降临后，花朵内散发出淡淡的光线，成为广场上有趣的光源。

在设计当中必然贯彻我们能够理解和运用的理论知识和规律规范等，从而使整体设计都能够符合应有的公共艺术设计尺度。更要注意给受众带来最真实感受的公共艺术设计是否符合人体工程学，是否满足公共艺术设计尺度。尺度巨大的艺术构筑物在强化自己的同时也要与周围的自然景观或历史景观相适应。在风格、材质或者是相互关系上相呼应。所以在公共艺术设计规划中把握好“尺度”的“度”，或者说将公共艺术尺度作为一个系统去考量。

2.1.3 视角空间呈现

2.1.3.1 视角规律

早在 19 世纪，德国的建筑师梅尔坦斯用实验方法证明，根据人眼的视觉特性，欣赏建筑物时，人的视角分别在 45°、27°、18° 时，会有不同的视觉感受。当处于 45° 角时是观赏任何建筑细部的最佳形象位置。处于 27° 视角时，既能观察对象的优视整体，又能感觉到它的细部效果。越来越多的实验也证明，根据人的视觉特征，能够看清建筑全貌的基本垂直视角是 18°，视距是建筑高度的 3 倍。能看清整个建筑高度的权限垂直角略为 45°，它能看清建筑细部，即视距等于建筑高度。介于 18° ~ 45° 之间是理想的观感区域。在人的实际活动体验中，27° 是具有反应良好的竖向空间关系观测区，因此 27° 作为最佳垂直视角。如果将人在视角 27° 的活动视点放在街道另一侧的人行道上，相当于 $D/H=2$，那么人就可以获得最佳的观感效应。人坐在汽车上，在街道上行驶，相当于 $D/H=1$ 时，可以观察到建筑物的细部，使视线开朗舒展。因此运用最佳垂直视角规律，可以校核主体建筑高度是否处在预期的观感区域，使高大建筑、构建物所形成的群体空间有所显露，并赋予层次，使观者不致有压迫感和局促感。

研究公共艺术时，由于周围环境，诸如树木、雕塑、小品等体量上远远小于公共艺术及周围建筑物，故研究公共艺术的最佳垂直视角为 26° ~ 30°，即人眼黄斑附近形成的 30° 视锥。

在公共艺术设计中，为了获得较清晰的造型形象和相对完整的静态构图，应尽量使视角与视距处于最佳位置。通常垂直视角为 26° ～ 30° 被认为是最佳的观景视角，维持这种视角的视距称为最佳视距。由于尺度毕竟是一个与审美有紧密联系的视觉艺术的物理量，所以，除了最佳垂直视角与最佳视距外，势必还会受到城市公共空间中建筑物及其他要素的影响，如城市公共空间周围建筑物的整体尺度的大小、边界的围合感以及公共艺术作品在城市公共空间中的加权影响度等的影响。

2.1.3.2 视野分析

“最佳视野俯角”是指人们用眼睛保持最轻松舒服的观看角度。是以人眼向前平视 90° 为标准向下倾斜 15° ～ 40° 为人的最佳视野俯角。这个角度可以大大延长人的用眼时间而不感觉到疲劳。

（1）水平视野分析

水平视野分析研究的是设施的横向宽度及空间的纵深距离。科学测定，水平方向视区的中心视角 10° 以内为最佳视区。人眼在中心视角 20° 范围内为瞬息视区，可以在极短时间内识别物体。人眼在中心视角 30° 范围内为有效视区，需要集中精力才能辨别物体形象。人眼在中心视角 120° 范围内为最大视区，需要集中投入相当精力才能识别物体。如果转动头部，人的最大视区范围可达 220° 。

（2）垂直视野分析

垂直视野分析研究的对象是物体的高度及总体平面配置的进深度。根据科学测定，垂直方向视区中人眼的最佳视区在视平线以下 10° ，视平线以上 10° 到视平线以下 30° 为良好视区，视平线以上 60° 到视平线以下 70° 为最大视区。

（3）视野协调分析

视野协调分析研究的是对视野整体协调性进行的分析。人在观察物体时一般存在三种状态，即远眺，近看与细查。远眺适合总览物体全貌，近看适合观察个别物体，细察是对物体的纹理、材质、肌理等进行仔细的观察。

2.1.3.3 交互视角

公共艺术设计是空间的主体内容，也是空间中的视觉焦点。其造型多样化从视觉审美及艺术性角度而言，首先要与周围环境的风格相吻合统一，其次要具备自身强烈的视觉冲击力，使其在视觉流程上与周围景观产生先后次序，在比例、形式等构成方面要具有独特的艺术性。

公共艺术设计在于主动引发观众的主动参与性，科技的发展，促进公共艺术设计中交互视角的进一步可能，交互性公共艺术设计作品吸引审美客体的参与，作品形态、颜色等的转变由参与者决定，使接触作品变成极富乐趣的体验过程，使得今天的公共艺术颠覆以往的视角常规呈现形态。

西班牙艺术家乔玛 · 帕兰萨设计，克鲁克和塞克斯顿建筑师事务所（Krueck and Sexton Architects）完成的皇冠喷泉（图 2–7），位于芝加哥千禧公园的西北一隅。设计让观众作为艺术作品的一部分，强调了带入性的重要互动环节，巧妙地将游客带入其中。乔玛 · 帕兰萨拍摄了 1000 位芝加哥市民的脸部表情，透过电脑控制 LED 灯光和色彩，每 10 分钟更换一次，从青年到老人，永远是一男一女遥遥相对，又闭眼又噘嘴的表情，喷水就像两个人的对话，如同我们生活经验中的一对一，以视觉的方式表达时间的消长，凡具有生活经验的成人，置身其中必能有所领悟。

2.2 色彩和肌理

公共艺术在设计执行时，尤为需要考虑一个重要问题，即采用什么样的色彩和肌理？这个问题常常跟公

图 2–7　皇冠喷泉

图 2–8　三拳纪念碑（Three fists monument），南斯拉夫雕塑家伊万 · 萨博利奇（Ivan Sabolić），1963 年 10 月 14 日，布班杰纪念公园（Memorial Park Bubanj）。

共艺术项目所选择的材料有关联，在实操中又分成了材料固有属性和材料经过人为加工所能产生出的艺术属性。事实上就是如此，我们不可能脱离其他因素单独考虑色彩和肌理，我们需要依照主题、造型和环境等诸多制约条件来做出判断和选择，所有的一切都需要为设计动机负责。

2.2.1 色彩和肌理在公共艺术设计中到底占了多大比重的影响

在视觉经验中，通常情况下色彩比肌理优先产生影响，且影响更为强烈，而肌理则更偏向于细节反馈。这很好理解，因为公共艺术的项目一般都尺度较大，当公众与其产生交互时，大部分情况下色彩是仅次于造型被观察到的。但有一些体量更为巨大且类似于大地艺术的场域公共艺术，它们的色彩或肌理极有可能就是整个公共艺术作品最为突出的要素。

色彩和肌理在公共艺术设计中占多大比重，可以从一些常规的现象中隐约窥见它的答案。

在公共艺术概念尚未泛化时，色彩和肌理几乎都不是被重视的因素，它们仅仅是依附于材料、表现材料的基本属性。这一点在以往很多纪念性公共艺术中体现得尤为明显，单一的固有色调和简单加工后的本身肌理，都是选用石材、青铜等常规材料产生的结果。当然，这或许跟大多纪念性公共艺术要求的肃穆感也有关系。太过花哨，就会丧失对肃穆气氛的营造，反而转向浮躁和喧嚣。再加上造型艺术本身对色彩和肌理的次级要求，致使彼时的色彩和肌理在公共艺术中并无多少分量（图 2–8）。

当下，全球化几乎是个不可阻挡的逻辑，这是大势所趋。在此基础上发展的公共艺术，不断出现概念泛化、外沿扩展的论述与实践。由此，色彩和肌理被重新审视，对其存在的性格特征和情感体验也开始了深入而广泛的研究，这也是公共艺术一个重要的设计方向，试图以此区别以造型为主的艺术样式。公共艺术的泛化造成其体系下容纳了多种艺术样式，色彩和肌理也在不同的艺术样式中展现出大相径庭的影响力。例如街头涂鸦、大面积的公共墙体彩绘等，色彩在其中的影响就显而易见。对于一些抽象的表达，色彩更是起到决定性的作用，色块的形状、大小和色调直接影响整体个公共艺术项目的调性。而对于肌理，在诸如大地艺术或肌理并置的浮雕壁画艺术中其影响就更为突出。如今的肌理表现，已自成一种独立的艺术语言，甚至成为

（a）

（b）

图 2–9　巢，2.8 米高、18 米长，陶瓷和金属，金巍，2005 年，陈设于中国吉林艺术学院教学空间内。高低错落的陶瓷几何形体，象征着每个来到高校求学的学子都是独一无二的个体，都有着不同的个性。而每个几何形体上的方孔，又体现出莘莘学子如同巢中刚刚出生、嗷嗷待哺的雏鹰，对知识充满了渴望，同时也寓意着学生在校园中成长之后发出的慷慨激昂、壮志满怀的不同声音。

艺术鲜明个性的一种载体，由此也可见其在整个艺术圈层的影响已不容忽视（图 2–9（a）、图 2–9（b））。

公共艺术中的各种影响因素最后都是以一种整合的姿态传导体验，又因其不同的影响因素在不同的艺术样式中所占分量可能大不相同，所以对影响力的判断必须在固定的艺术样式中考虑，但也丝毫不影响这些因素在整体公共艺术环境中，不断提升视觉影响和体验的发展现状。

2.2.2 公共艺术设计对色彩的选择

影响色彩选择的必然是多个因素，但首先考虑的应该是公共属性。而公共属性是一个笼统的概念，需要尽可能细化到我们能触及和理解到的层面。除此之外，设计动机就是第二个重要的考虑点，但设计动机我们不会作过多细化分析，我们主要从‘适应’和‘改造’两个方面入手论述。同样，我们在研究这种多因素影响结果的课题中，依然采用的是先固定几个因素不变、再研究其中一个因素变化对结果产生影响的方法，而在实操中则是多种因素一起变化最后综合考虑作出判断与选择的。

2.2.2.1 哪些具备公共属性的东西在影响色彩

地理环境，公共艺术项目位处不同的地理环境，就有不同的色彩要求，从这个角度我们只谈整体色调的复杂与单一，即色彩的组合关系，并以一些实践中接触到的点位为例进行论述。

城市是公共艺术项目最常落地的区域，也是公共艺术样式最为丰富的区域。城市中大型广场通常都是以雕塑的样式呈现公共艺术，体量巨大、色彩单一。基于这些公共艺术的坐标性需求，也基于广场周边环境复杂的原因，单一色彩成了最常规的选择。这里特别需要指出‘单一’是‘逻辑上的单一’，不只是‘就一个色调’的意思，它包括多种色调按一定构成规律形成的整体效果。城市中还有一类广场在建设初期，因场域较小或其他原因而未设置固定的公共艺术，呈现出一种更为开放的姿态。这类广场或与此类似的区域常常会有体量较小、互动性强的临时性公共艺术介入，在样式上以装置类最为常见，而在色彩上则趋于复杂多样，这也跟设计时对公众交互的考虑有关。（图 2–10）

我们不难发现一个常规的现象：公共艺术所处环境复杂的其自身色调单一、反之环境整体有序的其自

（a）

（b）

图 2-10　'The Scroll'，英国艺术家 Gerry Judah，2019 年 4 月，通高 36 米，重 72 吨，以一个巨大的白色螺旋状形体呈现，旋转上升的形体边缘从不接触，最近点仅相距约 6 英寸。该雕塑位于智慧之家外的混凝土基础广场之上，靠近沙迦大学城和沙迦国际机场。（左图为实景图，右图为渲染效果图 ©Foster+Partners，右图中的建筑即为"智慧之家"。）沙迦酋长国被评为 2019 年联合国教科文组织世界图书之都，'The Scroll' 正是为了纪念这一荣誉而建。

（a）

（b）

图 2-11　弹性透视（Elastic Perspective），由 NEXT Architects 建筑事务所设计建造，项目完成于 2014 年，位处荷兰第二大城市鹿特丹郊区的一座名为 Carnisselande 的山顶。照片 ©Sander Meisner

身色调复杂；体量大的其自身色调单一、反之体量小的其自身色调复杂；造型复杂的其自身色调单一，反之造型简单的其自身色调复杂……但这并不是一个稳定的规律，城市中公园绿地或海岸周边的公共艺术项目就有很多是色调单一的，尽管这些场域自身的色调本就不复杂，却并未在复杂与单一上呈现出对比的关系。但毫无疑问的是公共艺术对色彩的选择一定是跳出环境的，在色相上一定避免与环境整体色相同属一个色系，极少数特殊个案会出现要求色调彻底融合于环境。在城市里存在的涂鸦式立面壁画公共艺术与地面跨步艺术等样式，在色彩上则完全参照了绘画的表达，几乎没有非常特定和明确的色彩要求。还有一些远离公众的区域，荒郊或沙漠，这类区域的公共艺术为了区别于大自然的繁复在色彩上而往往趋于单一（图 2-11）。

人文传统，实际上这部分才是决定色彩的核心，原因只有一个，直接关系到了人。对色彩的情感定性源于长期的色彩视觉经验，而视觉又受文化传统的直接控制。中国传统文化对红色的偏爱，就直接影响了许多大型公共艺术的用色，这是最好的例证。中国人对颜色的情感确认源自广泛传播的五行论，黑、红、青、白、黄分别对应水、火、木、金属、地球，这种对应关系还涉猎到了更为广泛的生活中，方位、天体、季节、气候、神话传说等，由此色彩情感被进一步强化。同样的色调在不同的文化传统中传递的情感可能大不相同，黑色对于中国人来说是一种中性色（既有褒义又有贬义），《易经》中也诠释了黑色宇宙的无有穷尽。在中国的传统葬礼中，黑色与白色一道成为死亡或哀悼的象征，这一点与部分中东国家对黑色的定性是一致的，而非洲对黑色的看法则是成熟与阳刚的象征。由此也能看出，相比地理环境，人文传统是从精神层面确定色彩的情感作用，带有很多主观的成分，那么在公共艺术设计时也就需要越发重视这一部分。

最后提一下特别容易被忽略的时间问题。一天中的光线变化、一年中的四季变化……都会对色彩产生影响，在公共艺术设计时也应充分考虑这些因素。

2.2.2.2 “适应”和“改造”不一样的动机决定不一样的色彩

在公共艺术设计中，“协调”很重要。“协调”就是在“适应”和“改造”中寻求一个平衡点，但这个平衡点没有绝对的位置。当要求公共艺术项目更好地融合、服从于环境时，色彩必然不会太过跳跃，会选择与周围环境色调、人文传统更为贴合的颜色，甚至会直接从其中取样。反之，当动机是彻底改造时，那对色彩的选择将有更大的自由度，颜色“冲突”的设计就成为大概率事件。需要指出的是，往往是这些朴素而简单的理由决定了项目最终的用色。

2.2.3 公共艺术设计对肌理的要求

肌理现已成为一种独立的艺术语言，不再是依附于造型的表现样式。尽管如此，肌理仍然相对冷门，单独将其作为表现的公共艺术样式依然很少。虽然肌理没有固定的形态，但并不妨碍艺术对它的归纳与整理，无限拓展其外延，不断丰富其内涵，从视觉和触觉两方面传达其感受。肌理也存在固有的自然肌理和艺术干预后的人工肌理两类。早期以造型为主的公共艺术对肌理的要求很少，无论是木材年轮纹理的柔韧，还是石材或平滑或粗糙的厚重与沉静，抑或是金属的细腻，这些常规材料的自然肌理都有其特定的表现力和感染力，留给艺术想象的空间有限。但随着肌理在艺术的介入和干预后，大大提升了自身的多样性，公共艺术设计也随之对其有了更多的选择和要求。

艺术构成机制是肌理泛化的内因。被艺术干预后的肌理更多呈现出的是构成上的美感，显现出很强的秩序性。而将肌理中秩序和组织的概念提取，为诸如大地艺术之类的公共艺术样式提供学习和借鉴的可能，由此，肌理的外沿随即被扩大。这实际上重新定义了肌理——肌理是一个相对存在的东西，对于地球来说，山川沟壑就是它的肌理；对于山脉来说，山上的草木花石就是它的肌理。站在这个角度探讨公共艺术对肌理的要求，本质上就是公共艺术对艺术构成机制的要求。而与肌理的构成机制联系最多的就是立体构成，所以对肌理的很多研究都着重从立体构成切入，探讨构成机制对公共艺术的影响（图 2-12）。

2.2.3.1 公共安全优先考虑，其他问题就事论事。

鉴于公共性的考虑，无论肌理怎样组织罗列、起伏变化，都要确保公共艺术项目的安全性。只因公共艺术在介入公众生活时，往往伴随着频繁的交互行为，对安全的要求就显而易见。抛开安全性，公共艺术对肌理的其他要求则要就事论事，充其量通过一些常规的项目总结出一些规律，但这些规律也并不稳定。例如在追求柔和与温润时，肌理通常会被处理得光滑细腻，而需要表现坚毅与凝重时，肌理又会被处理得相对粗糙一些，又如对立体或时尚感有所追求时，肌理则会被处理得光泽通透。

（a）

（b）

图 2-12　辐射线（Radiant Lines），2014 年，澳大利亚墨尔本联邦广场，由英国建筑师 Asif Khan 设计建造。这个大型公共装置由 40 个铝环构成，轻盈而又灵巧的触感，线条、节奏和速度这些反复表现的主题在整体装置下内在地联系在一起，巧妙地将游客吸引到这个沉浸式的空间内。

图 2-13　叶子，西班牙雕塑家 Juanjo Novella，2018 年，位处中国台湾清华大学校内。"叶子"从叶柄到顶端总长约 10 公尺、宽度约为 7.5 公尺，材质是耐候钢，钻出超过 1 万个孔洞，靠着叶柄及叶片共 3 个点固定在地面，使其看起来轻盈、优雅。"两瓣叶就像正与负、阴与阳、黑与白，这就是人与自然的本质"，叶片形成的弧形像庇护所、雨伞、盾牌或一扇门，邀人们走进它的世界，透过"叶子"欣赏清华大学的朝阳、夕照。

2.2.3.2 肌理的设计应在符合一定审美经验的情况下突出艺术个性。

肌理的设计一定是要符合公众审美的，它作为美的要素，自有其独特的艺术冲击力和感召力。之所以提审美经验，就是因为常规的肌理影响就是建立在公众生活基础上的。一如前文所述，平滑细腻的肌理总能给人以柔和宁静的感觉，流淌顺畅的肌理则有运动、生命之感……然而经验是一方面，另一方面肌理产生的直觉影响则是一个综合的体验过程。就是当肌理并不常规的时候，我们依靠什么判断它的美，这需要精神层面的独立思考以及我们接收到的自然信息、社会信息经过综合思维之后形成结论。这里的自然信息就是公众从大自然中总结出的关于点、线、面的构成美感，而社会信息则是包含创作动机在内的构思，综合起来实际上就是一个由感觉到理性思考、从低层次到高层次的过程。至此，藉由思维的介入，艺术个性和精神特征才被完美释放（图 2-13）。

2.2.3.3 肌理

肌理通常都会被要求能够丰富公共艺术样式的表面形象，对形态和质感起到丰富或强化作用，通过构成的方式增强公共艺术样式富有的"表情"和感情色彩。公共艺术不宜太过复杂，这种复杂包括理念的复杂、元素的复杂、交互的复杂等。在广泛的参与当中，复杂会引起公众心态由兴奋至烦躁的转变。这就要求公共艺术相对整体、相对纯粹，进而要求肌理能在这种相对单调的形态中发挥它的作用，即在细节中表现出复杂，让公共艺术形态更加细腻且富有变化，更好地传递公共艺术理念，开放公众对公共艺术的观察与想象。

公共艺术对公众参与自是抱有很大诚意的，这就要求公共艺术具备很好的空间交互效果，而对肌理的设计与处理，就既要求能够塑造出空间的存在感，又要求能保持质朴的亲和感。肌理在形态和尺度上有无限的可能，在构成方式上又有不断创新的演化，很容易形成视觉差异，强化空间的体积感。肌理天然地对自然亲近，自然形态就是肌理的重要来源之一，这就决定了它更容易让公众接受和感知，对公共艺术而言是再好不过的交互润滑剂。

2.3 光影的影响和使用

物体呈现立体效果离不开光和影这两大因素，光与影紧密联系，有光才会有影，这是光影的基本物理属性。灯光的出现使得光影可以作为一种新的艺术表现手法，赋予公共空间新的视觉延展力。通过对光影效果的把握运用，艺术家重新定义了夜色下建筑、雕塑、广场、舞台等不同于白天的独特面貌，带给人们一种全新的视觉体验。由自然光或是高科技人造光构成的光影艺术，形式多变、造型独特，装点着城市的公共环境。

2.3.1 光影媒介概述

2.3.1.1 光影的认识

在科学上的定义，光是视觉可以感知的一种电磁波，也称可见光谱。影是当不透明物体受到光照射时，由于物体的遮挡而在物体的后方形成的黑暗区域，即是我们常说的影子，它是一种光学现象。

光与影是相对于物体空间形成的重要决定因素。根据光影在物体本身作用下的变化规律和光影的最强可识别度，可将光影划分为“三大面”和“五大调”。

学过绘画的人都熟知，“三大面”指光线投射到物体上之后产生的亮、灰、暗三个大的识别范围。而“五大调”则是对“三大面”的进一步细化，可分为亮面、灰面、明暗交界线、暗面（包括反光）、投影，如图2-14 所示。总而言之，三面五调是抛除色彩外，明暗的递进关系，一般也可称之为明暗调性。

2.3.1.2 光与影的关系

光与影之间存在着既对立统一又互相依存的关系。对立统一表现在光与影永远存在于物体的对立面；互相依存表现在无光即无影，有影必有光。因此，光和不透明物体是产生影的两个必要条件。

图 2-14 三大面五大调

从光源来分析，光可以分为自然光和人造光。自然光包括太阳、月亮、极光等随着季节、气候、天气等变化而千变万化的天光，可以说自然光是人类诞生以来感知并利用光影的背景和基础。人造光包括火、灯光、激光等由人工干预过的光源，人造光可以模仿自然光的各种形态，可以不受自然、环境、时间等客观条件限制而随时随地发生，更能创造出自然光所无法达到的精美图案和理想造型。

影可分为本影和半影：如图 2-14 所示光线照射下的球体，越靠近球体本身的影子越暗，叫本影；而周围的影子越来越淡，叫半影。本影与半影是一体的，半影是本影的扩展，此现象的产生是由光的直线传播形成的。

2.3.2 光影的艺术特性

艺术家通过对光影原理的了解和运用，使光在现实空间与虚幻空间之间可以自由转换。基于对光影的数量、状态、明暗、虚实等物理特性的把握，人类体验到了光影的艺术效果，通过空间、动静、虚实等光影的多重艺术特性，产生了不同的光影魅力，满足了人类不同的审美需求，成为新媒体艺术中运用最多的创作元素。

2.3.2.1 空间与神圣

应该说，光影渗透在人类生活的各个空间。由于光有着直线传播的特性，建筑师、设计师、艺术家将其特性应用在建筑空间、环境设计、造型艺术当中，巧妙地利用了光与影，从而出现了意想不到的效果。

20 世纪著名的法国建筑师勒·柯布西耶说过，建筑艺术的核心要素就是“墙与空间，光与影”（图 2–15）。当今最为活跃、最具影响力的世界建筑大师之一日本建筑师安藤忠雄也将光的顺光、侧光、逆光等直线传播效果应用在其作品中，不同的采光口出现了光影与建筑结合的不同效果。如在其作品《光之教会》中将采光口设计成十字架形式，从而产生了光对宗教神圣感的诠释（图 2–16）。安藤忠雄的著名作品还有《住吉长屋》《万博会日本政府馆》等。可见，光的空间渗透性也是影响建筑空间呈现与魅力提升的关键。

另外，光影对于空间的结构与重建还有重要作用。运用灵活多变的光线对比，能够划分建筑的空间，使各区域间既有视觉区分又不破坏整体功能，从而增加空间的层次感和趣味性。

2.3.2.2 静止与流动

光与影是相辅相成的一对存在关系，同时光影也有着动与静这两个辩证统一的属性。静止的光源必定产生稳定的影，即相对静止的光影。大多数建筑、雕塑、景观等的自然采光，或者室内照明均以静止的光影效果呈现。当然剧场、舞厅等特殊场所的室内光影效果也有例外，是为了以运动加色彩斑斓的光影效果烘托别致的气氛。

现代装置艺术作品也发挥了光影的动静结合效果，如《光线空间调制器》由拉斯洛·莫霍利·纳吉创作于 1923 年，这件作品最早在现代艺术中使用了动静结合光线元素（图 2–17），他因此也被视为光运动艺术的创始人之一。闪电是一种自然现象，由于其动感而富有张力的光束变化也被艺术家俘获，成为其艺术灵感来源，美国艺术家德·玛利亚通过模仿自然中的闪电制作了《闪电原野》（图 2–18），是动态的光影艺术作品。

另外，舞台美术也在某种程度给了艺术家充分发挥光影艺术的展示地。剧场、舞台的时间可控性和情感意念特殊性凸显，大批战后的欧美艺术家将雕塑、光影结合制造特殊的舞台效果（图 2–19）。舞台上的背景设计或光影变化所呈现出的动态效果，可能都成为整个剧目或演出的重要组成部分，即体现了剧场性这个涵盖性术语。剧场的涵盖性包括了动态的灯光艺术、场景、服装、道具和行为表演艺术等领域内容。

2.3.2.3 真实与虚幻

物体的实与虚首先可以通过其外轮廓来感知，轮廓的清晰与模糊取决于光源的强与弱。距离的远近也是光影实与虚的重要决定条件。当物体完整地呈现在光源下时，光影就是带有清晰轮廓物体的剪影。当物体与光源产生一定距离时，影子开始模糊并且逐渐消失，这个过程也可能出现物体在某个空间内的纵深感。

光影是一种光学现象，其实质就是一种如空气般存在却又抓不住摸不到的视觉感知，仅当有光和物体同时存在时光影才能被感知。然而，现代声光电技术革新使人造光影却可以凭空产生虚幻的物体或者场景。

图 2-15　拉图雷特修道院，柯布西耶。

图 2-16　光之教会，安藤忠雄。

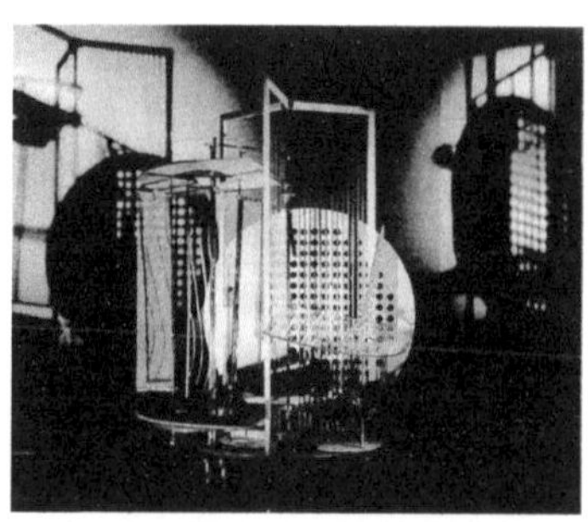
图 2-17　光线空间调制器，拉斯洛·莫霍利·纳吉。

图 2-18　闪电原野，德·玛利亚。

图 2-19　舞台美术设计

图 2-20　北京奥运“脚印”，蔡国强。

图 2-21　阿富汗巴米扬光影大佛，张昕宇、梁红夫妇团队。

2008 年，蔡国强设计的烟火大脚印闪现在北京奥运会开幕式的夜空，29 个脚印象征着第 29 届奥运会的召开，沿着北京“中轴线”在高空中迈向国家体育馆——鸟巢（图 2-20）。被列为世界文化遗产的阿富汗巴米扬大佛，已有一千多年的历史，然而在战乱中不幸被塔利班恐怖组织炸毁，为了恢复往日大佛的尊貌，张昕宇、梁红夫妇打造团队，利用光影技术恢复了让世人为之动容的恢弘大佛（图 2-21）。

可见，无论是利用火光技术，或者是纯粹以光影技术手段实现的艺术作品，都突破了公共艺术的固有表现，在诠释光影艺术虚与实的同时，也使夜空在自然光、灯光所带来的光影表象之外增添了更多丰富而生动的活力。

2.3.3 光影的表现形式

光影的形式和表现方式与现代城市建筑空间关系密切。无论是高楼大厦的自然采光，或者是建筑内部空间的灯光照明，在色彩配置、氛围营造、情感表达等多方面为光影的形式表现提供了诸多方式，反映出光影作为一种表现媒介为公共艺术所带来的形式美感。

图 2-22　玫瑰

图 2-23　人体，摄影师 Dani Olivier 作品。

图 2-24　哥特式建筑内部彩色玻璃装饰艺术

2.3.3.1 明暗

光影的明暗实质上是一种去除色彩效果之后的黑白关系。首先，光源本身的强弱形成了光影的明暗变化；其次，随着被照射物体本身形状结构的改变，也会发生光影的明暗变化；第三，环境的影响也会产生光影的明暗变化，例如在雪地或揉皱的纸面等能发生漫反射环境下的物体，其光影的明暗变化就会较小（图 2-22）。另外，离光源越近，对比越强，明暗关系也就越强烈；反之，对比就弱。

2.3.3.2 韵律

光与影就像灵动的水流一样，充满韵律；又像是优美的乐曲，叩击灵魂。光影是物体的外衣与魔法，能改变物的属性，创造新的联想；又是空间的氛围与韵律，能唤起人的情绪，触动人的思维。

光影产生的韵律一般会根据被照射物本身的起伏形成。巴黎摄影师丹尼·奥利维尔（Dani Olivier）选择舞者作为他的模特，将富有韵律的光线和几何图案影射到模特身上，可以说已经把模特变成了一个精美的艺术作品，从而让人体摄影变得与众不同（图 2-23）。光是空间或空间中物体最神奇的化妆师，透过组织设计过的光影层次、线条、色彩，可以为空间创造出不同的表情，营造不一样的韵律感。

2.3.3.3 色彩

有色光源或者彩色环境下的光影变化同样会使人产生色彩心理效应。光影的色彩心理效应是以空间中的色彩环境为感知基础，同时影响人的心理状态。例如光影的冷暖感，在餐厅运用暖色灯光设计，则室内光影变化就显得温暖舒适，适于用餐；滑冰场内运用冷色灯光设计，空间内就显得清爽凉快，竞技就会冷静从容。在建筑空间、造型艺术、环境美化等方面，色彩光影是重要的调节手段。在欧洲中世纪哥特式教堂中，建筑师巧妙利用自然光对彩色玻璃窗的照射形成彩色图案，投射到教堂内部或者墙壁上的色斑随着日照的角度变化而变化，烘托出室内的神秘色彩和富有宗教气息的感官享受（图 2-24）。

具有丰富的生命力的光影，由于色彩不同，在视觉上产生的美感不同，自然对人的心理影响也不同。色彩光影能够营造出别致的、创造性的意境，给人以强烈的感染力。

2.3.3.4 渗透

光影的渗透性造成透明与半透明效果。透明与半透明取决于光线投射介质的透明程度。早在战国时期兴起，一直流行于中国古代，并在元代传至西亚和欧洲的皮影戏，又称“影子戏”或“灯影戏”，是较早的以光结合兽皮或纸板动物、人物剪影的光影艺术表现形式（图 2-25）。在灯光的照射下隔布进行表演，充分发挥了兽皮或纸板的半透明度特性，并与火光的光线直线穿透性进行结合，显示了古人了解自然、利用自然

图 2-25　皮影

图 2-26　沙画

的聪明智慧。

现代较为流行的沙画是光影艺术的一种形式，通过在灯台上沙子的薄厚程度所形成的各种物象，经过光的照射再投射到屏幕上，其效果也是光影透明、半透明的艺术呈现（图 2-26）。

2.3.3.5 光影的形式属性

（1）点光

电灯被发明以前，人类的照明依靠的仅仅是火把、油灯、蜡烛。点点烛光照亮夜晚的家家户户，大大小小的点光就是黑暗环境中私人或者公众空间中照明的基本形式。与过去不同的是，如今海边的灯塔、高楼大厦上布置的显著可识别标识就是明亮的点光装饰，这种具有独特功能且又具有的极强识别性也就重新定义了点光的意义，同时也激发了设计师的灵感与创意发挥。夜幕降临，跨江大桥上的光影随之登场，大桥的整体轮廓早已用点光示出，连成线的点光虚化了单一的桥身造型，宛如一条江面上的灯带，从上空俯瞰，有序间隔的强光更是整座大桥的节奏所在，从灯光的整体布置角度来看，完全就是一件夜空中光影表现媒介创作出的水中公共艺术作品（图 2-27）。

（2）线光

由点成线，点光的密集成线排列自然形成线光。强光源所放射出的光束也是装饰城市夜景的一种光影形式，体现了光束的放射美和直线美。早期的建筑为了在夜空中示现轮廓，较多在外立面装饰以成线的灯带，勾勒出建筑的外立面形态。新科技的发展，无疑可以使过去较为单一的成线灯光装饰变得更为灵活。

新材料、新光照技术的挖掘和运用，使艺术家以及灯光设计师们有了更多更有新意的装饰理念，拓展了灯光的多维度表现。现代众多城市建筑的外立面，逐渐被发射出丰富色彩的线性光束所装饰，从过去仅有的实现轮廓拓展到与建筑外立面垂直，或者呈现夹角的光束射出，另外由电脑编程后实现的快速变化光影效果，不仅活跃了建筑本身在夜空中的灵动感，同时在建筑外呈现出变化多端的图案和场景，赋予建筑在夜晚中新的生命力（图 2-28）。

（3）面光

线光的平行密集布置形成面光。人造光源的广泛运用，使得建筑、广场、雕塑、景观在夜晚中成为观赏对象，甚至光影本身也成了夜晚中的艺术主角。面光可以使建筑外部完全呈现、使雕塑的轮廓强化、广场的整体亮化均匀、景观的局部得以彰显，不同维度，不同层次的面状光影艺术使城市的夜景显现出了与众不同的视觉效果（图 2-29）。

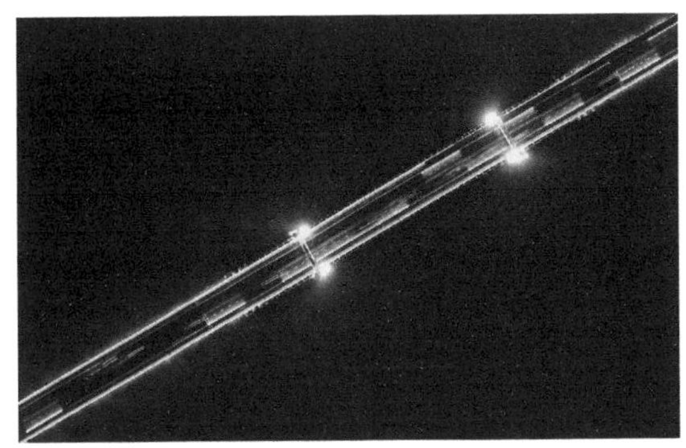
图 2-27　广东珠海白石桥

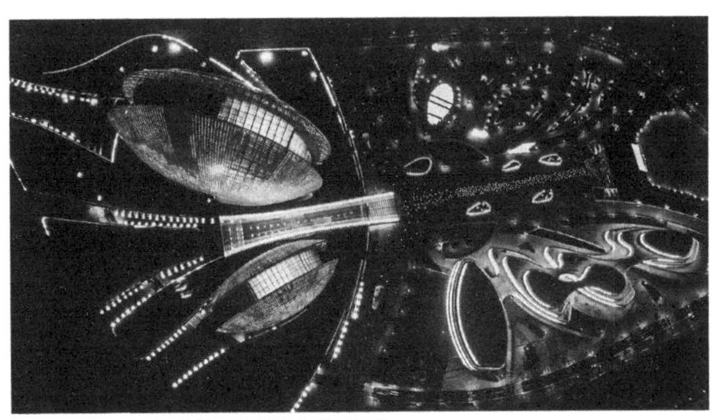
图 2-28　广东珠海日月贝与海韵城

图 2-29　都市夜光

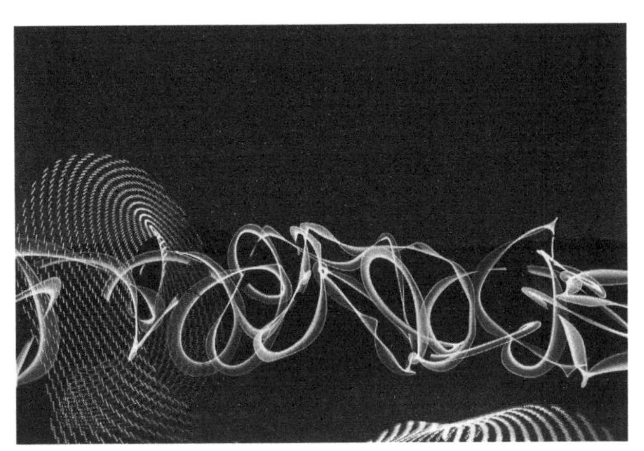
图 2-30　激光艺术

（4）激光

激光是 20 世纪后半叶人类的一项重大发明，被广泛应用于焊接、切割、通信、测距、美容、扫描等领域。20 世纪晚期，激光进入光影艺术领域，给光影艺术带来了技术性革新，拓展了光影的表现方式和媒介。激光拥有着传统光源所无法实现的独特技术、发射形式和造型特点，而备受现代艺术家青睐，也因此而被广泛应用于光影艺术和公共环境中。

激光独特的工作原理和操控方式给了艺术家新的灵感和实现创意的机会，通过在不同位置、不同颜色、不同组合、不同路径的激光光束设计，科幻般、现代化的光影效果可以充分展现，科技感十足。炫目的激光表演更是给人们带来了一种全新的心理感受和思维方式，极大地丰富了人们的现代生活，从而实现了光影艺术表现媒介的形式创新（图 2-30）。

2.3.4 光影与公共艺术的结合使用

光影艺术具有公共艺术的公众性、参与性、互动性等基本特征，独立或依附于公共环境。光影与公共艺术的结合使得光影艺术作为一种新的表现媒介，为公共艺术增添了无限光彩。

2.3.4.1 营造氛围

氛围是特殊化的气氛，具有强烈的个体性和特质性。氛围的营造首先要考虑人的情感，以情感为触发点，进而借助特殊的手段、音乐、颜色、场景等能够调动或者实现情感流露的方式，从而达到对所处环境的强烈感受。

氛围的营造尤其是夜晚活动所进行的场所、表演离不开光影。中国的灯节（元宵节）、西方的鬼节（万

图 2–31 元宵花灯

图 2–32 万圣节南瓜灯

图 2–33 1.26，艾克曼。

圣节）充分发挥了光影这一烘托气氛的重要元素。每逢元宵佳节，各种造型的花灯外部装饰艳丽，透过内部光源映衬出灯体上的美好寓意图案，自古以来就是亲人团聚、家庭和睦的象征（图 2–31）。万圣节到了，南瓜形状的鬼脸里面放上灯具，吊挂在各家门口，南瓜里透出的昏黄灯光形成了诡异奇特的氛围（图 2–32），这些传统的装饰样式也可以看作是光影媒介形式下的公共艺术。

美国雕塑家珍妮特 · 艾克曼的《1.26》是一件大型悬空雕塑，整个雕塑由一团彩色的云组成，轻盈地飘在空中，加之炫目的彩色灯光，在其下的水域中印现了云之璀璨的倒影，使整个空间瞬间变得灵动而富有梦幻般的感觉（图 2–33）。置身其中，宛然踏入仙境，不由得使观者完全放松身心，沉浸其中而倍感温馨。

很大程度上，光影的虚拟性和模仿性是营造环境氛围的重要依托。特殊的场景和气氛使得光影与雕塑作品的结合，或者纯粹以光影为表现对象的时候，可以不受客观条件的制约而随时随地发生。借助光影的独特表现内容和方式，可以让观者充分感受环境，实现情感转移。

2.3.4.2 布置情感

教室、图书馆等学习空间需要有序的光线均匀而柔和地进行布置，从而产生安静专注的感觉（图 2–34）；卧室的灯光需要柔和唯美，静谧祥和；舞厅的照明设计要光色亮丽，色彩斑斓；剧院的光影要明亮大气，恢弘典雅等。英国灯光艺术家布鲁斯 · 芒罗的作品《光之浴》从索尔兹伯里大教堂的顶端垂下（图 2–35），2000 多个泪珠状发光点秩序排列，倾泻而下，无数的光点明亮又柔和，仿佛教堂内部的“圣雨”，又像是指引人们前行的福音。建筑美与空间美完全结合，并且由无数光电的点缀而给人产生了新的心理感知，以艺术的方式净化身心，神圣而幸福。

丹麦冰岛光影艺术家奥拉维尔 · 埃利亚松于 2003 年创作了《气象计划》，这件作品充分地使用了光影技术：顶棚上置挂一个巨大的灯发出阳光般的温暖光线，室内出现了太阳下的热烈氛围，空气中弥漫着蒸腾的水雾，出现了朦胧的光线效果（图 2–36）。这件作品使公众感受到阳光下的不安氛围，因而产生了不寻常的吸引力。

2.3.4.3 强化主体

公共空间始终是公众参与集体活动，找寻与私人空间不同感受的区域，因而也越来越受到公众和艺术家的重视。由于艺术家的积极探索将公共艺术置于公共空间中，从而诞生了与以往不同的公众空间；公众也因为公共艺术的吸引而更多地关注到公共空间，形成一个良性循环。

光影艺术不仅可以是独立的艺术形态，同时在公共艺术中融入光影艺术则可以在某种程度上提升公共艺术的格调和魅力，调动公共艺术的最大吸引力，引起公众的参与度。优秀精良的公共艺术与和谐舒适的公共

图 2-34　室内光线

图 2-35　光之浴，布鲁斯 · 芒罗。

图 2-37　你的彩虹全景，埃利亚松。1

图 2-38　你的彩虹全景，埃利亚松。2

图 2-36　气象计划，埃利亚松。

环境共融，更会大大提升城市的艺术品位，人居环境的改善必然会引起居民强烈的归宿感和自豪感，城市旅游名片的形成也会吸引更多外来游客，促进当地经济的发展和城市知名度。如在伦敦创造太阳、在纽约创造瀑布的冰岛艺术家奥拉维尔 · 埃利亚松又给丹麦创造了彩虹，他创作的《你的彩虹全景》高高耸立在奥尔胡斯市艺术博物馆的屋顶（图 2-37、图 2-38），这件由全色系光谱组成的环形玻璃走廊彩虹作品，150 米长，3 米宽，唯美而壮观。与其说是一件艺术品，不如说是一个高出美术馆顶端 4 米的巨大玻璃天桥屋顶。观众可以进入这个全视野观景平台全方位欣赏城市美景；并且还由于艺术博物馆在市中心，这件作品也因而成了奥尔胡斯市的地标，一张优秀的城市名片。

总之，高新技术的发展实现了光影艺术的创新变化，从而为城市的公共艺术设计提供更多的创意空间，为光影在公共环境中的开发和利用提供更多展示的舞台。

2.4 空间营造

"空间"是一个既抽象又具体的存在，既有以形体本身的物质存在来界定的实空间，又有物质存在之外的以心理来界定的意念空间。作为公共艺术领域的空间营造，一方面考虑单个艺术作品的本身空间形态，另一方面更要注意其所处的空间性质，注意其对周围空间的影响，形成空间范围内艺术作品与人、社会、自然的相互关联。

空间是万物载体，严格来说，公共艺术是公共空间中的公共艺术，空间是公共艺术设计的核心。一切在空间中思考，一切于空间中实施，如何正确理解和把握空间也就成为公共艺术设计的关键所在。

2.4.1 空间的概念及类型

2.4.1.1 空间的概念

在《现代汉语词典》中对"空间"一词的解释为："空间是物质存在的一种客观形式，由长度、宽度、高度表现出来。”较为简洁地从物理学和物质角度解释了空间的概念。“空间”在这里是指由结构和界面所围合的供人们活动、生活、工作的空的部分。空间是物质存在的客观形式，正如老子的《道德经》对空间的描述：“凿户牖以为室，当其无，有室之用。故有之以为利，无之以为用。”形象地描述了空间物质性的特点。而“空间（space）”一词的英文来源于拉丁文“spatium”，不仅用于描述位置、体量及体会虚实的经验，同时也是一个传统的哲学概念，与时间相对。所以在《辞海》中对于“空间”的解释是：“在哲学上，与时间一起构成运动着的物质存在的两种基本形式。空间指物质存在的广延性，时间指物质运动过程的持续性和顺序性。空间和时间具有客观性，同运动着的物质不可分割……”更多地从哲学角度阐述了空间的内涵。

西方的空间观强调有形驾驭无形，而中国的空间观则以无形喻示有形，而“有形”和“无形”的相映生辉的魅力，可以使我们以新视角体验自身在空间中的存在，以精神上的空间来指导物质实体。空间作为和实体相对应的概念，空间与实体构成虚与实的相对关系。我们所生活的环境空间就是由这种虚实关系所建立的空间。

2.4.1.2 空间的类型

空间是一个多元多义化的概念，适用区域广泛，术语彼此错综，很难以一种参照系去界定空间的内涵和外延，了解相关名称有助于全面认识空间，对于空间的命名及分类就必须从不同的角度各异分类，尽管有些只是从大家习惯的方式做出分类和命名，但这种约定俗成的空间类型和称谓，也从不同角度和层面上反映了空间的性质或某一方面的特点。

从使用功能上可分为公共空间和私密空间；从对空间的心理感受上可分为动态空间、静态空间和流动空间；从存在方式上可分为实空间、虚空间和意念空间；从空间的属性可分为自然空间和人文空间（由建筑、人工设施、人工绿化等元素所构成的空间环境，被称为人文空间；由自然山水等构成的空间环境称作自然空间）。公共艺术设计所要研究的对象主要是人们为了生存、生活而创造的人文空间，其中建筑是主要的实体部分，辅助以树木、花草、设施、小品等，由此构成城市、广场、街道、庭院等公共空间。按照公共空间的性质可以分为功能性空间、精神性空间、主题性空间、互动性空间几种。

2.4.1.3 公共艺术空间的界定

按照安切雷斯·施耐德等人的理论总结，公共空间由以下几个不同的层次来划分：物理的公共空间、社会的公共空间和象征性的公共空间。物理的公共空间关注的是其材料的存在，社会的公共空间关注的是空间内部规范和社会的关系，象征性的公共空间关注的是纪年性场所和娱乐性场所的“气氛”。无论是客观的还是主观的，每一种公共空间都可以通过这些定义里的一个或多个意义来确定。对于公共空间的意义理解影响着我们看待公共空间的方式。而纯粹抽象的公共空间并不存在，每一种公共空间最后都要与不同的社会活动相结合产生出不同的空间场所，即公共场所。每一种场所又会形成不同的场所精神，同场所的地理位置、社会职能、场所职能等密不可分（图 2-39）。

公共空间首先必须具备公共性，赫曼·赫茨伯格所认为“公共和私有”的概念在空间范畴内可以用“集体的”与“个人的”两个术语来表达。从使用角度看，属于公民集体活动的空间才真正具有公共空间的意义，如剧院空间、城市空间、居住区的门厅等，这些都不是个体拥有的空间。从公共领域角度看，公共空间具有共同性，体现在公共空间作为城市公共生活的场所。所以，作为公共艺术空间，需具备以下几点要素：一是作为精神追求的艺术性；二是要为大众提供美的空间的公共性；三是环境和人的关系性。

（a）

图 2-39　墨尔本皇家儿童医院公共艺术，2010 年，澳大利亚墨尔本皇家儿童医院的一项人性化的公共艺术作品。在医院的主要门厅和中庭空间设计了一系列悬吊式的彩色装置，以抽象化的“天使翅膀”为主题，用不锈钢和手绘穿孔铝板制造而成。五组作品让单调空间变得五彩斑斓，有效吸引了就诊儿童注意力，并给他们的心情增添了一丝亮丽的色彩。该艺术项目就是希望借助充满活力的艺术作品，帮助儿童更快更好地恢复健康。

（b）墨尔本皇家儿童医院公共艺术（局部）

2.4.2 公共空间的营造方式

大体了解空间类型后，面对各种公共空间类型，可以有效地进行空间的协调组织。空间的各种营造技巧是解决问题的关键。公共空间营造是在原有空间的基础上进行的二次创作。在具备完善功能的前提下，公共空间设计既要考虑空间的分隔，又要考虑空间的联系。同样的目的可以有不同的设计方法，同样的设计方法也可以得到不同的视觉效果。

2.4.2.1 空间分隔

空间分隔就是在原有空间的基础上进行重新组合，形成新的且符合要求的空间类型。在通常情况下，公共环境各空间的组合，是依据不同的使用目的，对空间进行绝对分隔、局部分隔、象征性分隔及弹性分隔等多种分隔方式，为人们提供良好的空间环境，以满足不同功能的活动需求，达到物质功能与精神功能的统一。而在灵活的大型空间中设置更小更亲密的区域，可以将场地的冲击降至最低（图 2-40）。

空间分隔涉及空间形式、空间比例、空间尺度、空间方向性、形态构成及其整体布局等各个环节，需要设计师按照艺术规律合理地进行协调组织，围绕其使用功能，按照合理适用的空间类型划分，形成理想的空间关系组合，如封闭与开敞、静止与流动、空间过渡的开合与抑扬组合，表现空间的开放性与私密性关系，以及空间的性格关系。

2.4.2.2 空间置放

在公共空间中，置放可以说是最多的空间处理方式，任何实体都可以算是置放物。这里所指的置放一般是指它与空间有“设置”关系的，也就是“孤立独处”的。这样的置放物往往成为视觉的中心，置放物对空

图 2-40　Y 轴，多田美波，1978 年，摄影：作本邦治。多田美波曾获得日本箱根雕塑之森雕塑公园第一届“亨利·摩尔”大奖，也是日本现代雕塑界唯一囊括宇部现代雕塑展、神户须磨雕塑展、箱根雕塑之森三大户外雕塑展最高奖励的艺术家。光线不仅是她作品所处的物理环境，更是作品有机组成部分，质地、密度、颜色，甚至气候的变化、时间的推移、人们的接触等细节，都需要创作的时候考虑周全。多田在自己的作品中不表达个人情绪、嗜好，而仅是极其简约、抽象的线条和形体。

图 2-41　消融的火车，韩国水仁线纪念公园。韩国 1937 年开通水仁交通线，1995 年末列车停止运行。所以，现在的年轻人很少知道它的存在。但是，老一辈人和摄影师还有许多关于它的美好回忆，在他们上下班途中总能欣赏到沿途如画的美景和盐田风光。在水仁线纪念公园，yong ju lee 设计了《消融的火车》，复原窄轨火车一端，并且融化了装置的另一端，如同将要消失的凝固的车辆。顺着它指明的方向，人们对空间和时间会有新的体验。整体由不锈钢制作而成，它的光亮耀眼与公园的自然环境形成强烈对比。它的超现实，它的在空中消散的形状无不让人感受到视觉的韵律，生发出奇怪的念头。

间的一定区域有着影响作用。由于周围环境空旷更使置放物引人注目，而且人可以从不同角度观察置放物。置放的方式包括摆放、悬挂等，典型的摆放有广场上雕塑品的案例，在雕塑品周围形成一定的空间，悬挂一般用于室内公共空间，可以增加观赏角度，得到不一样的视觉体验。

2.4.2.3 空间下凹

作为空间处理的一种方式，下凹是用变化的高差来达到营造的目的，使限定过的空间在母空间中得到强调或与其他部分空间加以区分。对于在地面上运用下凹的手法限定，其效果与低的围合相似，但更具安全感，受周围的干扰也较小。因为低空间不太引人注目，不会有众目睽睽之感。特别是在公共空间中，人在下凹的空间中感觉比较自如。

2.4.2.4 空间覆盖

公共空间还可以用覆盖的要素进行处理，有了覆盖就有了内部空间的感觉，可以有许多心理感受。如在室内空间较大时，人离屋顶距离远，感觉不那么明确，就在局部再加顶，进行再限定。例如，在客房床的上部设幔帐，可以加强空间与人之间的联系，尺度更加宜人，感觉亲切、惬意。在人落座的区域常用装饰性垂吊物、灯饰或织物等做覆盖，再加上周围的树木、花鸟、水体等因素，使人仿佛置身于大自然的怀抱中。这正符合在室内创造室外感觉的意图。在室内空间设计中，有意识地运用室外因素，可以给人带来心灵的愉悦。同样道理，在室外空间中也可以借助覆盖营造室内效果（图 2-41）。

2.4.2.5 空间背景

公共空间中作品主体并非孤立的、自为的存在，应该注重与特定环境形成良好的关系，而背景不再是仅仅作为艺术作品的衬托，更应是作品重要的组成部分。这种整体的设计思想可以较好地解决艺术与公共空间功能之间的矛盾。

图 2-42　大卫，米开朗基罗，韦奇奥宫。韦奇奥宫又称“旧宫”，是一座建于 13 世纪的碉堡式宫殿，建于 13 世纪。这个古老的宫殿现在作为市政厅仍在使用，主体由阿诺尔佛·迪冈比奥设计，整个建筑的外部用粗糙的大小不等的方石块砌成，主体部分上下分四层，开有双联半圆拱窗，其造型给人以庄严巍峨的印象。韦奇奥宫门口左边是米开朗基罗的代表作《大卫》（复制品），右边是大力神 Hercules 降服 Cacus 雕像。像高 2.5 米，连基座高 5.5 米。用整块大理石雕成。大卫是《圣经》故事中的经典人物。原作本来也在这里，现收藏在佛罗伦萨美术学院里。《大卫》曾作为佛罗伦萨市的保护神和民主政府的象征安放在市政厅门前。人民极高地赞美米开朗基罗，称他是人类的天才、智慧和勇气的结晶。

西方现代城市规划的重要学者卡米诺．西特曾举到米开朗基罗大卫雕像的背景处理手法——在佛罗伦萨的城市空间里，有两尊大卫的雕塑，一座放置在韦奇奥宫的入口处，另一座放置在远离市中心一个名叫 Via Dei Colli 的地方，在那里有一处叫做米开朗基罗的广场。在广场的中心置放了从原作中复制而来的大卫青铜雕像。西特认为，放置在韦奇奥宫入口处的大卫雕塑，是艺术家本人慎重的位置选择，而放置米开朗基罗广场的雕塑，则是现代人的“荒谬”之作。从空间视觉美学的角度上来看，“坐落在这一位置上的雕像与相对平淡的背景形成对比，并且便于与真人尺度进行方便的比较，巨大的雕像似乎变得更加宏伟而超过了其实际尺寸。雄浑有力的灰色调宫墙为雕像提供了一个背景，在它的衬托下雕像的线条显得十分突出”。而另一处青铜雕塑《大卫》（图 2-42）“在它的前面是十分美丽的地平线，后面是几家咖啡馆；一侧是车站和一条主要街道；而围绕它的则是导游手册阅读者们的叽叽喳喳声，而且常常可以听到认为它的大小并未超过真人尺度的意见”。从这一对比中，我们可以看出，背景处理的整体性原则，不仅仅是在如画般的平面空间中存在，在三维的立体空间中，雕塑作品也不可以作为艺术本体而独立存在，艺术作品的空间背景和空间尺度直接决定着空间的视觉感受，而这种感受只有在遵循艺术原则的运用中才可以获得，而在通过现代的机械测量工具计算出来的几何学规则中，是无法实现的。野口勇也说，“我喜欢将园林想象成空间的雕塑，人们可以进入这样的一个空间，它是他们周围真实的领域，当一些经过精心设计的物体和线条被引入的时候，就有了尺度和意义。这就是雕塑创造空间的原因，每一个要素的大小和形状是与整个空间和其他所有要素相关联的”，道出了艺术作品和空间背景的关系。

2.4.3 公共空间的美感体现

从引起注意到感兴趣是由于人对环境进行感知，然后进一步产生期待和欲望，并引发行动形成印象的前提和基础。而人的期待心理和获得欲望是审美的开端，对公共空间而言，欣赏者首先要产生美学上的好奇，进而加以欣赏和理解。人对空间环境的感受，不仅是一种生理上的反应，更是一种心理上的行为，空间环境本身的形态、色彩都能够吸引观赏者的关注和兴趣，人们对环境空间的感知首先需要空间拥有自身的特点和独创性，这就要求设计师在设计时考虑各种因素，从空间节奏、空间过渡、空间协调等各方面把相关建筑、景观及公共艺术做得完美。

2.4.3.1 空间形态

形态构成是公共空间造型艺术设计的基础。空间造型是由各种不同的点连成线，线构成面，面形成体的过程。我们在生活中看到的物体都有其形态，这些形态由不同层次的要素组合而成。形态可以分为物质形态和非物质形态。同样，形态要素也可分为物质要素和非物质要素。我们不仅要考虑空间的形式，还要考虑到实体要素对周围的影响，每一个空间形式和围护实体，不仅决定了其周围的空间形式，也被周围的空间形式所决定。

首先是空间形态尽量新颖、有特色，以引起观赏者的注意。这里讲的新颖和特色就是空间环境的独创性，这种独创性不是抄袭、模仿和挪移，而应该是“情理之中意料之外”的构想。另外也可以通过不同元素的打散重构来获得一种新的形式。心理学家发现，新颖的、对比强烈的图形比缺乏对比的图形更易提升人们的感觉，中等复杂程度的图形也易于引起人们产生感觉，而过于简单或复杂的图形恰恰相反。在城市空间中亦是如此，变化多端、形式新颖的建筑或艺术品往往会成为人们关注的焦点，而色彩单调、造型平庸或杂乱无章的物体则通常会被人们所忽视。位于芝加哥市政广场上由亚历山大．考尔德设计的《火烈鸟》以其近 16 米的巨大高度、热烈奔放的红色、轻盈的姿态与周围冷漠直立的建筑群形成了鲜明的对比，在四周较为封闭的空间中彰显出生命的狂野，带给人们极具震撼的视觉感受。

其次是空间形态的强度。空间形态的强度可以通过体积、色彩、肌理以及对比来引起人们的关注和兴趣。如合理利用肌理变化就是较为简便的方法，以某种材料为主，局部换一种材料，或者在原材料表面进行特殊处理，使其表面发生变化，如抛光、粗糙处理等，都属于肌理变化。运用不同材料可加强肌理的效果，增强导向性，并影响空间的效果。

2.4.3.2 空间过渡

空间的过渡和过渡空间，其性质一般依照人的活动习惯和心理需求而设定，遵循安全性、礼节性、实用性、私密性等多种性质，在公共空间设计中有时是一种硬性的使用功能要求。此外，过渡空间还常作为一种艺术化手段起到空间引导的作用。这种艺术化手段的运用，可以避免空间关系过于生硬，尽量的协调和统一，同时，可以有效提升空间的感受品质。过渡空间作为前后空间、内外空间的媒介、桥梁、衔接体和转换点，在功能和艺术创作上，有其独特的地位和作用。过渡的形式是多种多样的，有一定的目的性和规律性。空间本身在过渡性规律上，就是由这个空间类型“逐渐”到另一个空间类型的过程。总之，空间过渡也好，空间引导性也罢，一切的动向都是为人方便使用服务的，应在空间允许的范围内进行，掌握得恰到好处，动静相宜，把握分寸。如在古典园林的设计中，借助欲扬先抑的手法，通过大小不同空间形态的分割与组合，来营建一种“山重水复疑无路，柳暗花明又一村”的空间景象。

2.4.3.3 空间节奏

注意节奏感、韵律感的把控设计，这也是空间营造中很重要的方面。空间的节奏是空间形式要素的有规律的、连续的重复，各要素之间保持恒定的距离与关系。在一个连续变化的空间序列中，某一种空间形式的重复和再现，形成一定形式的节奏感，有利于衬托主要空间（重点、高潮）。就像陶渊明《桃花源记》里所描述的那样，沿岸荡舟，穿洞而见满目桃花，其豁然开朗且无与伦比的优美意境，充分体现了“有秩序的变化”的节奏和韵律。在公共空间中，往往也可以借助某一母体的重复或再现来增强整体的统一性。随着工业化和标准化水平的提高。这种手法已经得到了愈来愈广泛的运用。一般性的规律是，将高潮部分放在中间偏后一些，接近结尾；也可放在前半部分，但在结束前还应有一个主题呼应。空间节奏的把握还要注意几点：一是要把控好空间的导向性，就是空间序列的流线清晰明确，空间关系合情合理，切忌杂乱无章的无序状态；

图 2–43　输入，美国，俄亥俄大学，林瓔、林谭，2004。据林瓔叙述："这件作品拥有个人化的历史意义……我是个糟糕的打字员，输入数据的打孔卡上留下无数错误。这段输入的时光孕育了这件艺术品的整体形状，许多类似打孔卡的长方形嵌入大地，正方形的轮廓线上刻着文字。选用的文字呼应我们对这个地方的共同回忆，是一种个人化的文字图像，唤起我们在俄亥俄大学和雅典城的过去。"林瓔希望通过设计让人们对家乡景观有初步的认识。

图 2–44　加州剧本，1983，美国加州。1983 年野口勇在加州设计了一个名为 " 加州剧本 "（Califonia Scenario）的庭院，其位于洛杉矶近郊卡斯塔美沙镇的一个商业中心中部高大的玻璃办公塔楼的底下。这个以加州景致为主题的雕塑群，把加州的主要地理景观：北方的红木森林，南方的沙漠，东部的高山，壮丽的瀑布展现在这不太大的雕塑花园中。《加州剧本》的平面基本为方形，空间较封闭。在这样一个视线封闭、单调的空间中，野口勇布置了一系列的石景和雕塑元素，并设计了众多的主题，充分体现了加州的气候和地形。

二是视觉中心的突出，在主要功能的前提下，明确主题创意和积极的思想内容，突出格调与品质，展现空间序列的高潮部分，明确轻重关系；三是空间构图的对比与统一的处理。这是做好空间序列秩序的重点，也是掌握空间大格局的要点。此外还可以引进大自然原生态型空间序列的手法，借鉴我国古代园林空间布局艺术，尤其是以借景和透景见长的艺术手段；在空间中引入如瀑布的流水声、多彩迷人的灯光等科技手段，灵活运用这些细节处理方法，营造出趣意横生而优美的空间环境（图 2–43）。

2.4.3.4 空间协调

公共空间中的墙、隔断、阻隔物是静止不动的，但可以利用它们进行组织空间环境。一个引人流动的空间序列，无论是室内空间，还是室外空间，都是存在不同功能要求的，自然形成了大小各异的局部空间，形成固定的实体空间或封闭式空间、虚拟或可变空间、动态或静止空间等。这些空间的组织设计是非常重要的，也由此形成方向性明确、不明确或介于两者之间的流动空间。在所涉及的空间环境中，由于功能的需要，流动的空间序列方向性明确与否的差异是很大的。例如，展览馆和博物馆功能空间的空间序列就是方向性明确的，甚至是强制性的。它们彼此的空间组织关系，首先是由顺序性较强的内容组成的，再就是依据展览、展陈功能特点决定空间形式的组织。其手法采用色彩变化或地面铺设形式、材质的变化来强调方向性。也可用标识的方法处理成有机的空间序列，人们可以根据这些线索行走、运动。野口勇就强调其艺术的独特性在于他善于将空间内的各种元素完美协调，通过抽象化、纯净化的景象给人更多的遐想空间。同时，这种空间的关系及意境也必须依赖观众的体悟和冥想。正如他所说的那样："一切都是雕塑……我们只能看见我们眼睛所想看见的，你的脑子里有多少料，你就看到多少东西。"所以，在野口勇的艺术实践中，人与空间的关系最终是与自己对话的关系（图 2–44）。

第 3 章 公共艺术中的雕塑和壁画

3.1 作为公共艺术的雕塑

作为公共艺术场景中的雕塑具有一种双重性。首先它是艺术性的体现：具体表现为雕塑作品的外在形态和内涵意义，按照传统的美学观点涵括雕塑本身的造型、尺度、空间、色彩，以及和周围环境之间的比例尺度关系，整体协调关系以及主题意象等诸多方面；此外艺术性还是基于某种社会的目的，致力于诠释和重新界定某种价值并体现出艺术家个人的经历、思想追求的各种体验形式。即体现为一种个体性、单一性和自洽性。其次是公共性的体现，公共体现为一种全民性、社会性和民主化。公共是在公开场域中的一个因素，它建立在价值自由的基础之上，而艺术性和公共性这两者体现出一种契合又矛盾的张力关系。公共性不仅着眼于艺术品的物质媒介和空间形态，因为它可以拥有所有的艺术表现手段。①

“公共雕塑”是将公共艺术与雕塑这两个概念并置在一起，通常这种情况下，其内涵和表现形式就会变得尤为复杂。而实际上对于公共艺术中的雕塑的定义和定位，并没有一个权威性的概念。城市雕塑、环境雕塑、公共雕塑、景观雕塑、户外雕塑等概念和称谓在不同学者和不同的文章、书籍中相互并行或交叉使用。迄今为止，仍然存在各抒己见、众说纷纭的情况，而且这种情况暂时还看不到能够理顺的前景。

而雕塑作为公共空间中的特定艺术表现形式，同样并不仅仅意味着空间造型的视觉效果，同时还有文化和观念的力量。被安放在公共空间当中的雕塑作品，如果只是将其简单地认为仅仅是“公共性”和“雕塑性”二者相加，把雕塑放置在公共空间中等同于公共艺术，这样的理解也流于简单化与表面化。公共空间中的雕塑并不意味着把公共空间作为放置雕塑的容器，作为公共艺术中的雕塑，它意味着雕塑与公共环境，社会空间的复杂的关系。在这种关系中雕塑与公共空间在功能作用、材质、色彩、工艺形式、结构体量等诸多因素都应当与其空间具有密切的关联，这是雕塑作为公共艺术的雕塑，其与空间和环境的相互关系。如果二者之间的相互关系处理不当，即使再优秀的雕塑作品放在公共空间当中也不能成为好的公共艺术。这也意味着在城市的公共艺术的建设当中，艺术家、雕塑家、景观设计师以及建筑师必须从各自的专业局囿中突破出来，以多专业协作的方式共同构建公共环境的整体发展，形成公共艺术形态的整体性特征。

3.1.1 公共雕塑概述

公共艺术中的雕塑既是古老的艺术，也具有强烈的现代感，它是时间和空间相结合的艺术，在公共雕塑的实施过程中，有着较强的工程性和技术性，与架上雕塑有着很大程度上的区别。这可以从功能作用、材质色彩、工艺实施、限制与自由几个方面进行解读。

3.1.1.1 功能作用

作为公共空间中具有标志性和成熟属性的特定的公共艺术品类，它既有社会文化功能性质，同时也具有审美的优势。雕塑与城市公共空间密不可分，它不仅承载着人们的美学需求，更在环境和社会层面具有认知体验的功能。

---

① 孙振华．中国城市雕塑的十大焦点问题[DB/OL].http://www.diaosutoutiao.com/index.php/mingjiazhuanlan/577.html.

（1）社会功能性

公共雕塑不仅是美化人们生活环境的装饰，还具备特殊的社会文化属性。作品的主题内容和形式要满足社会公众或某一社会群体的审美需求，承载包括民族民俗和时代文化在内的多种文化取向，具有社会文化公益性目的的职能。

公共雕塑的源头可以追溯到原始社会，人类在岩石崖壁上凿刻涂绘各种图像符号，这些图像符号不仅是记录其生产生活的日常行为，更是原始的社会生活中重要的精神活动，不仅仅服务于视觉感官的艺术形象，更是受到巫术和生命信仰意识的驱动，对自然中那些不可知的自然现象或是畏惧的生物，传达他们的生存体验的感受（图 3–1）。公共雕塑在其起源之初就兼具了艺术功能和社会功能的双重性。公共雕塑的社会功能性在古代文明时期还体现在宫殿、神庙、广场、石窟、陵墓等艺术创作之中。在这里公共雕塑充当着记载史实、夸耀功绩，传授知识以及施加法术等重要的角色。兼具宣传教育及宗教的功能，也正是由于各地区民族民俗和宗教等文化的不同，形成了对雕塑创作上各自不同倾向的社会功能需求，从而使得公共雕塑艺术在历史的进程中集中呈现出不同的文化和艺术特征。

（2）环境整体性

只有在环境空间及公共空间当中，公共雕塑才得以存在。从概念上讲，公共雕塑是依附于环境空间呈现的艺术。传统的公共雕塑的主要形式，一种是与其依存的建筑空间环境相协调。这一类与建筑本身的关系比较密切，甚至就是建筑的有机组成部分，因此作为建筑环境的一部分进行整体设计，易于构成统一的气氛。另一类是以雕塑作为空间中的核心，整个环境氛围围绕雕塑作品，以雕塑统领整个环境（图 3–2）。前者是作为一种建筑与空间的装饰，后者是将理念或意识作为空间中的精神支柱。而人、空间环境与雕塑之间的关系，也随着公共艺术发展越来越被提升到重要的地位。

3.1.1.2 材质色彩

公共雕塑对于材料的要求远远高于架上雕塑。在公共环境中，硬质材料、持久性与安全性被放在了极其重要的位置。从传统的石材、金属铸造到当代许多新媒体材料的应用，物质材料和公共艺术始终保持着密不可分的相伴相生的关系。伴随着工业文明与现代科技发展，雕塑材料领域的改良和提升也对公共艺术产生了巨大的变化和冲击，而材料的物质特性与文化内涵的碰撞和对形式和内容所带来的视觉和感官上的冲击，也是传统材料不可同日而语的（图 3–3）。在当代公共艺术创作中对物质材料的利用，被赋予了更多的文化意义和社会价值，造成物质与材料在当代公共艺术中的角色转换。除了造型的内容与形式之外，艺术家更要兼具建筑师与工程师的理性与逻辑，必须深谙材料的特性与特点。这样才有资格谈论公共雕塑这样一个艺术范畴。

公共雕塑更多地从材料的角度来考虑和对待公共环境，使它能够更好地融汇、植入到作品之中，从材料的角度更好地作用于作品的内涵，进而影响或改变所在地域的景观，突出某些特质而唤起人们对相关问题的思考与认识。对物质材料所蕴含的文化属性给予足够的重视和利用，将使公共艺术具有更广泛的影响力，从而在塑造城市的面貌并赋予其新的独特文化性格方面发挥独到的作用。

3.1.2 公共雕塑的历史发展语境

从公共艺术的角度来认知雕塑，其作为公共空间中的艺术品，要求雕塑家、设计师、规划师以及普通市民共同理解和建构这一空间放置的艺术。作为公共艺术建构的空间也就是公共空间中，人们生活世界的有机

图 3-1　科西莫一世骑马像，意大利佛罗伦斯。

图 3-2　沉船喷泉，罗马西班牙广场。

图 3-3　气球狗，杰夫昆斯。

的构成部分，作为公共艺术的雕塑作品使得放置的场域具有了艺术性，这二者之间具有互动和互补的关系，共同构成了一种生产性的审美场域，在这种场域当中雕塑既具有空间性，也具有时间性，它是可以被普通市民感知设想和体验的一种方式，是可以作为生活一部分的城市空间中的艺术作品。青年学者郝卫国、李玉仓在《走向景观的公共艺术》一书中，将公共艺术的历史发展内涵概括为三个阶段，即：前现代时期的权力公共性、现代时期的审美公共性、后现代时期的文化公共性。

3.1.2.1 前现代时期的权力公共性

前现代的艺术，其公共性是具有一定的特殊的限定性和历史文化的规定性。这种限定性体现在主题和题材的有限性，空间的有限性和无限性。本雅明认为："艺术作品是从不同的方面被接受和评价的。一种侧重于膜拜价值，一种侧重于作品的展示价值，艺术创造发端于膜拜，膜拜价值要求人们隐匿艺术品。"今天似乎正是这样的膜拜价值，要求人们把艺术作品隐藏起来，某些神像只有庙宇中的神职人员才能接近；有些圣母像，几乎终年都被覆盖在中世纪大教堂里；有些雕像无法让地面上的观众所看见，随着各种艺术活动从礼仪中解放出来，才为其展示提供了越来越多的机会。无论是教堂中的装饰作品还是广场中骑在马背上的英雄，前现代时期的公共艺术都显示权威和权力，宣扬一种等级制度的目的，并为此而创造出惊人的印象。它体现出一种特定历史文化语境中的公共性，一种需要被膜拜的公共性，一种显示权力、表现权利并让大众服从于

图 3-4　无尽之柱，布朗库西。

图 3-5　盛放的花朵，耶路撒冷 Vallero 广场。

这种权力的公共性。这样一种公共性并非古老的雕塑作品所独有，现代乃至当代作品特别是表现伟人和英雄的雕像，仍然发挥着这样一种功能，这种作品无论在西方还是东方都经常可以见到。

3.1.2.2 现代时期的审美公共性

文艺复兴之后美的艺术概念逐渐形成，启蒙运动导致了审美现代性逐步地产生。作为公共艺术的雕塑在公园广场城市建筑物上大量出现，其中重要的代表人物是罗丹，他标志着现代雕塑的开端，创作了许多纪念碑式的雕塑作品。他的作品不仅被树立为公共艺术，而且承载了更多的思想情感、理想和美。而罗丹的弟子布朗库西在雕塑语言和造型方面的开创性的探索，在公共艺术的发展中成为审美现代性的典型象征（图 3-4）。而未来主义艺术家波丘尼扩展了对于雕塑动态性问题以及材料多样性问题的研究领域，强调了形式的力量。而亚历山大 · 考尔德的活动雕塑在技术、材料、结构的运用上和建构建筑结构、建筑构造与视觉动态平衡上，都呈现出新的面貌和极富创造性的天才思维。他关注艺术作品，关注形式感和结构带来的审美愉悦。公共雕塑在不断的演进和发展当中构成了审美的传统和拓展。审美的拓展——审美的现代性，审美的自律性及开创性的贡献，被大量地运用于城市环境和城市美化之中。

3.1.2.3 后现代时期的文化公共性

后现代主义与后工业主义概念密切相关，它是指二战以后发达的工业社会的激烈变化改变了早期工业的特征，体现了对现代或现代思想的断然否定。对于社会生活中新的文化现象和文化符号的新关注，体现了对于文化领域当中游戏和虚构的接受，以及对严肃讨论真理的拒绝。后现代主义者拒绝整体化、总体性和普遍化的框架，而是突出差异性、多元化、断裂性和复杂性。后现代主义者放弃了封闭的结构、固定的意识、固定的意义和严格的秩序，赞成游戏非决定性，非确定性，含糊性，偶然性，偶然性和混乱后，现代主义者放弃了天真的实在论、表现论的认识论，放弃了客观性和真理，偏爱透视主义，反基础主义，相对主义（图 3-5）。随着整个文化语境的后现代转变，高度形式化的艺术被反形式化的艺术所取代，审美现代性建构的高雅艺术与通俗艺术，艺术与生活的界限被逐渐打破。奥登伯格将公共雕塑变成了巨大的标识物，他的作品提供了敏感的参照，为人们提供了更多的反讽意味。

3.1.3 公共场域中的雕塑分类

3.1.3.1 建筑装饰雕塑

从古希腊的帕提农神庙，到古罗马的图拉真纪念柱，再到中世纪教堂的外墙，作为建筑装饰的雕塑在传播信仰，凝聚信徒，纪功宣教方面一直起着重要的作用（图 3–6）。随着历史的长期积淀，宗教艺术与权威艺术中许多形象已经转化为永久性的文化符号，并且作为富有感染力的公共形象，在宗教生活和世俗生活中发挥着长久的教化和审美作用。建筑装饰雕塑一般必须依附于建筑，尽管有一些可以独立的个体形式出现，但即使独立性很强的雕塑作品也离不开整体环境作为附着或者环境背景（图 3–7）。

在建筑装饰雕塑的创作领域，艺术家与设计师之间的协作非常普遍，不同领域的艺术家、工艺师、工程师、规划师相互配合成为其特征之一。历史上的建筑和雕塑艺术品创作不乏这样的例子，甚至雕塑家本身就是建筑师，例如像米开朗基罗、贝尼尼等，本人不仅是杰出的雕塑大师，同时也是著名的建筑设计师。他们不仅熟谙雕塑的创作技巧，同时对于建筑的结构和装饰，甚至是材料和工艺都极其了解，这样才使得雕塑能够更加有机地与建筑本身相结合（图 3–8）。但无论是体现王权的宫殿建筑，还是强化神权的宗教建筑，抑或是承载人生观的陵寝建筑，雕塑对于建筑而言，始终处于附属的地位，在题材的选择、手法的表现、体量的大小、风格的把握等诸多方面都受到了建筑本身极大的制约与限定。特别是作为建筑工程的附属部分，也有着严格的制作和管理规范，与完全自由的艺术创作有所不同，许多标准和规定使得建筑装饰雕塑的题材和造型都趋于程式化。许多建筑装饰的雕塑也受此局限，其创作趋于平庸化和同质化。

3.1.3.2 主题城市雕塑

主题城市雕塑通常会通过纪念碑或纪念物的形式，用于歌颂英雄人物、重大事件或某种情操美德，表现某种特定的主题和形式，其依附于整个社会历史文化阶段和政治经济阶段，主题性的雕塑更多的是通过雕塑作为载体，在特定的地点、特定的环境或建筑中，反映特定的历史人物、行为事件或特定的主题内容对于社会精神的建构。它承载了更多的文化价值与社会价值的历史积淀。这种文化的沉积感体现在作品的题材、形式、体量、材质上，往往在视觉上气势宏大，题材严肃静穆，形制规整严谨，往往令观者产生较大的压力，产生崇敬庄严的视觉效果与心理感受。而这也正是主题性雕塑所散发出的强烈的美学感染力，同时也是文化权利拥有者的需求（图 3–9）。

主题城市雕塑与环境和历史的关系密切，体现为对于空间场域和时间轴线的个性抒发和精神弘扬。部分作品作为城市的地标，能够体现出城市的历史文脉和独特性格，促进城市的凝聚力和向心力，而代表城市文化的地域性和内在精神性，更加能够表现城市的精神面貌，也是能够体现城市形象的亮丽名片。

3.1.3.3 景观环境雕塑

景观环境雕塑不仅仅是作为环境中的装饰物对环境进行点缀，而是重在营造环境氛围供观者观赏和交流。而进入 20 世纪 80 年代，公共艺术与城市景观的关系更加密不可分，具有实用价值的公共艺术大量登场，作品的指向不再是单纯的审美功能，很多作品贴近街道上的各种设施或空间使用整体需求（图 3–10）①。这一时期公共艺术的表现形式愈来愈丰富，体现为景观环境雕塑出现了极简主义、波普艺术、大地艺术、行为艺

---

① 王中．公共艺术概论．北京：北京大学出版社 [M]，2007.

图 3-6　帕提农神庙墙壁浮雕（1）

图 3-7　帕提农神庙墙壁浮雕（2）

图 3-8　四河喷泉，贝尼尼。

图 3-9　祖国——母亲

图 3-10　极简主义作品，托尼 · 史密斯。

图 3-11　极简主义作品，理查德 · 塞拉。

术、新媒体艺术等大量的新生艺术形式，雕塑不再是骑在马背上的英雄，而是更加接近于大众，更加与场域场所融合为一体（图 3-11）。

公共艺术景观性环境雕塑的发展并不仅仅体现在物理层面的空间可接近性，而且与公众对于雕塑参与性的重视程度密切相关，这也使得公共艺术开始转向大众表达，体现为更加平民化的公共精神。因此公共雕塑的观念不仅体现了公共艺术实践的转变，也体现了公共艺术文化观念的转变。雕塑的展示场所具有传播和社会功能，它的传播形式以及它所具有的包括文化、伦理、心理，意识形态等多方面的社会功能，都产生了深刻的转变。

3.1.4 工艺实施

3.1.4.1 安全性

公共雕塑中在制作上囿于其制作的手段，原材料范围在很长的历史过程中局限在有限的几种材料当中，例如石材、金属等永久材料。而这些材料无一例外都具有永久性和耐腐蚀性等特点，也因此保障了其安全性的基本要求。时至今日，公共艺术已经发展为形态多样、学科广泛的艺术形式，甚至包括建筑学、光学、人体工学、材料学等多方面的知识，广泛涵盖着历史的、哲学的、宗教的、民族的、民俗的等诸方面的文化。观赏一个城市的公共雕塑如同浏览一个城市的历史发展进程，不同的时期蕴含着不同的信息代码。

3.1.4.2 永久性

公共雕塑不仅要与建筑和环境共存，而且要选用耐久性的材料，因此，永恒性的题材在公共雕塑的创作中非常多见。

3.1.4.3 适应性

公共雕塑面对的是公众，对于公共雕塑的创作，其题材内容和形式建构都要求艺术家尽可能地压缩其个性的任意阐释，努力使公共艺术形式与公众或群体的审美同感和文化共识相适应，只有如此才可以使公共雕塑实现其功能作用。由于公共艺术的永久性特点，其超前性也不可或缺，将传统与现代的审美结合，是适应时代发展的需要。

3.1.4.4 包容性

公共雕塑从制作工艺上，是材料和技术手段的综合；从文化形态上讲，要求艺术与科学兼具，传统与现代共存，理想与现实并置，真正实现对民众的普惠性。

3.2 作为公共艺术的壁画

3.2.1 壁画的概念和分类

3.2.1.1 壁画的概念

壁画的概念按《辞海》的定义是：绘在建筑物墙壁或天花板上的图画，是历史最悠久的绘画形式之一。分为粗地壁画，刷地壁画和装贴壁画等；刷地壁画又分为湿壁画和干壁画等。现代壁画的设计，一般更重视与整个建筑物的适应性，构图多打破集中透视的局限，造型和色彩要求协调，以求达到稳定性和装饰的效果。

显然这个定义有明显的时代局限性，按现在的理解和对未来的假设，以一种更宽泛的眼光去看待壁画这一概念的内涵和外延的变化，忽略词法的严密和逻辑性，我们可以把壁画理解为：以建筑和依托载体，运用多种媒体和材料，绘制而成的一种造型艺术样式，是公共艺术重要的组成部分。

社会与人的发展就是要不断地解放人的思维，使人类创造的一切满足人们不断发展的要求。对于壁画概念的理解，我们更愿意将其从文化，从大美术的角度宏观去看，使我们的思维和想象更加宽阔。

3.2.1.2 壁画的分类

对于壁画的分类，是从理论上的认知方向角度来说的，是一种参考的依据。在实践上，应该是打破理论的局限，针对具体建筑环境，去创造更新的，更有价值的新样式。可分为绘画型壁画、工艺制作型壁画、综合型壁画。

1）绘画型壁画

是以手工绘制为主的、也是过去最常见的壁画形式，因地区、国家等不同还有随着时代发展变化而各有特点。有蜡彩壁画、沥粉贴金壁画、湿壁画、油彩壁画、丙烯壁画等。

（1）《车马出行图》（图 3–12）汉墓壁画 东汉 公元 25—220 年 陕西历史博物馆

该作品是珍贵的汉墓壁画，壁画大都依附于建筑，而东汉时期的建筑早已不复存在，墓室壁画依附于墓室而留存，是珍贵的壁画手绘遗迹。画面中马的身姿高大雄壮，造型矫健，色彩单纯，线条挺拔而有韧性。表现出汉代浑朴雄强的风姿。

（2）《雅典学院》（图 3–13）拉斐尔 湿壁画 意大利文艺复兴时期 梵蒂冈博物馆

是意大利文艺复兴时期画家拉斐尔的作品。画面以古希腊哲学家柏拉图和亚里士多德为中心，描绘了 50 多个学者名人，表现了浓厚的学术氛围和自由辩论的情景。两名哲学家的中心正是整个画面焦点透视的灭点，精确的透视关系和严格的人物刻画是艺术与科学探究精神的完美结合。作品以湿壁画手绘。

（3）《泼水节——生命的赞歌》（图 3–14）袁运生 丙烯壁画 北京首都国际机场 1979 年

是当代中国绘画性壁画中的精品，表现了云南傣族人民喜过传统节日泼水节时的情景。作者认真研究中国传统造型尤其是陈老莲的绘画，到云南当地画了大量的人物线描写生，用非常富有个性的造型、以现代观念为视角，创作出一幅非常别致极富绘画韵味的具有浓郁民族气息的壁画经典。

2）工艺制作型壁画

是以材料制作为主的壁画形式，由于大多选用坚固、易清洁、不褪色的材质所以深受人们的喜爱。

镶嵌类壁画	马赛克壁画
	彩色玻璃壁画
	彩色瓷片壁画
	彩色大理石壁画
陶瓷壁画	唐三彩壁画
	釉上，釉中彩陶瓷壁画
	釉下彩陶瓷壁画
	高温釉陶瓷壁画
雕刻类壁画	石材浮雕
	彩色水泥分层雕刻敲铜
	锻铜雕刻
	软雕塑、壁毯
	漆艺壁画
	木质浮雕

（1）《东方文明》（图 3–15）侯一民、李林琢 红砂岩浮雕壁画 深圳世界之窗

该作品高 10 米，宽 80 米，在这巨大的画面上，展现的是以中国为主的东方文明的画面。作品以中国、印度、古巴比伦等东方文化中的数量极多的经典文化图形，用高浮雕的形式制作而成。站在这巨幅画面前，高浮雕在阳光照耀下，明暗清晰，立体感极强，凹凸起伏、触手可得，应接不暇的多种图形让人在识别和欣

图 3-12　汉墓壁画

图 3-13　雅典学院

图 3-14　泼水节——生命的赞歌

图 3-15　东方文明

图 3-16　皇后狄奥多拉及其侍从

赏中驻足，宏伟的场景给人强烈的视觉震撼，使人过目难忘。

（2）《皇后狄奥多拉及其侍从》（图 3-16）马赛克镶嵌壁画　拉韦那圣维塔列教堂　拜占庭时期

刻画了皇后带着侍从向基督献祭的场面。马赛克镶嵌是欧洲古老的壁画技术，有玻璃和陶瓷材质，色彩丰富表现力夺目。该作品以无数块色彩多姿的马赛克瓷片组成，材料表面质感亮丽晶莹，背景辅以大量的金色，远远望去色彩斑斓、光彩闪烁，构成了奇幻华美艳丽的效果。

（3）西班牙马德里街心地下通道陶瓷壁画（图 3-17）

该壁画位于街心地下通道，人流较多，画面造型为稚拙可爱的风格，让人感觉轻松愉快，也能让更多的

图 3-17　西班牙马德里街心地下通道陶瓷壁画

图 3-19　世博会外墙

图 3-18　山河颂，王文彬。

观众所接受，作品选用较为坚实又易于清洗的粗陶材料，给人以朴素亲切之感。

3）综合型壁画

集绘画型和工艺制作型于一体，或运用两种以上的材质绘制成的壁画。

王文彬先生的作品《山河颂》（图 3-18，北京华都饭店，1982 年）是当代壁画中的经典。作品以宏伟的气魄表现了祖国的大好河山，丙烯手绘使画面精致细腻，沥粉贴金的工艺使画面金碧辉煌，增加了浓郁的华丽气氛，仙鹤造型用浮雕的方式表现，凹凸有致增强了画面的表现力。作品将沥粉、贴金、镶嵌、丙烯重彩等材技做了完美的结合。

世博会已经是展示各个国家文化形象的一个盛会（图 3-19）。各个国家场馆的设计，无论从外形到里面的展陈布置都表现了不同国家、民族极具特色的文化传统，而且又非常富有现代的气息。巨大的外墙装饰当然是壁画概念的延展体现。

事实上，相当多的壁画都是综合型壁画。随着科技的发展，各种高科技和新材料的出现，对壁画的外延和内涵也会产生深刻的影响。壁画作为美术中最具边缘性的学科，最有可能结合更多种新型材料，运用声、光、电、水、新媒体等手段，结合建筑空间效果，创造出更新的样式。

3.2.2 壁画之美

壁画可以说是人类最古老的画种。目前我们所知道的最早作品是 3 万年前西班牙阿尔塔米拉洞窟壁画。埃及、两河流域、波斯、印度、欧洲、美洲和中国都有大量珍贵的古代壁画。壁画在美术史上有着辉煌的历史，占有着重要的篇章，无数的壁画杰作是世界文化艺术中珍贵的遗产。

壁画依建筑而存在，两者都属于公共艺术。壁画不像油画、国画、版画那样以工具材料来区分画种，因为它从来就没有固定的工具材料，它可以融合多种材料技法进行创作，因此在所有画种中，壁画是最具边缘性和交叉性的，技法和观念也是最自由、最宽泛的。它另一个不同于其他画种的特点是：作为公共艺术，它面对的是无数多种职业、多种民族、不同国别、不同年龄的公众。由于和建筑紧密结合的关系，它可以和建筑融为一体，也可以对建筑起画龙点睛的作用。它有着区别于其他画种的多种个性特征，呈现出独特的壁画之美。

3.2.2.1 形态各异之美

建筑和壁画都属于公共艺术，壁画依建筑而存在，与建筑的关系最为密切。建筑有公共建筑、民居建筑、宗教建筑等。由于建筑的功能性决定着建筑的构造组合、造型特点和审美形式等，因此对附着于建筑之上的壁画必然会产生影响，也使壁画的形态更加丰富多样。

从壁画的形态角度来说，可以概括地分为两大特征：一、建筑的种类多种多样，建筑功能的需求也就各不相同，壁画的题材要服从于建筑功能，也就应运而生了相应的不同内涵的主题性壁画。像宗教故事、神话传说、政治事件、民俗生活和山水风景等多种不同的主题，应该出现在与其相关的建筑墙面上。壁画的题材内容和建筑功能需要协调统一。例如：教堂里的壁画大多含宗教内容，名胜古迹的壁画大多是与此相关的典故传说。建筑的种类和功能的多样，也使得壁画的题材非常丰富。二、由于建筑的功能结构不同，建筑墙面的异形多样而产生了形状各异的壁画。壁画的形状不像其他画种那样大多以长方形为主，而是根据墙面的形状可以有多种变化，这也是任何其他画种无法比拟的。很多壁画都是为特定建筑的功能需求、特定的墙面环境而创作设计的，壁画的这种特征和局限，形成了壁画所特有的形态各异之美。

敦煌六十一窟（图 3–20），元代开凿。这是敦煌最大的洞窟之一，面积约 200 平方米，窟顶为覆斗形，中心设佛坛，坛上背屏连接窟顶西披。该洞窟建筑造型的特点，也决定了该洞窟壁画的形态特征。四周墙面上画满了精彩的壁画，尤其以正面的五台山居图最为著名，作品采用传统的散点透视的方法，俯视群山，气势宏伟，同时标注的一些山名寺庙，又使得作品成为一件清晰实用的地形图；洞窟正面的佛像，尺幅较大，绘制生动传神；而窟顶四披上的佛像，以四方连续的方式整齐排列，具有很强的装饰感；窟顶正中精美的藻井图案，更是敦煌壁画中的奇葩。这些不同内容的壁画，以不同的构图组合方式，给人不同形式的美感。

敦煌石窟的建筑形制根据功能不同而变化，每个朝代又各具特色，这些也为壁画的多种形态提供了前提。因此我们看到的敦煌壁画不但内容丰富多彩，形态也多姿各异。

意大利文艺复兴时期的很多壁画都是画在教堂的墙壁上，教堂的结构各不相同，附着于上面的壁画也呈多样形态（图 3–21）。两个侧面墙上为长方形构图、弧形穹顶独特的结构，为多样的壁画构图样式提供了前提，使人置身于满目皆是壁画的多姿各异景观之中。

3.2.2.2 撼人心魄之美

壁画由于附着于建筑，大多尺幅巨大，这是其他任何画种所无法相比的。巨大的画面能容下丰富的内容和浩瀚的场面，多个时空的组合、复杂的故事情节、众多人物的个性刻画，如此博大的信息量令人目不暇接；巨大的画面和观者的身高比例形成强烈反差，甚至使观众感到自己的渺小，给人的视觉冲击极其强烈，形成了壁画撼人心魄之美。

这种美感通常只有亲临现场才能体会，站在巨幅的画面前，观者无法像欣赏其他画种那样一览无余，而常常要走动观赏，有的画面同真人等大的比例，又使观者感到似乎置身于画面之中，身临其境，与画中人物交织于一起，观者、画面、画家的情感形成了共鸣。这样震撼的感觉是画册、照片、影像等方式无法替代的，

图 3-20　敦煌六十一窟

图 3-21　意大利文艺复兴时期教堂壁画

图 3-22　永乐宫壁画

图 3-23　西斯廷教堂壁画

这也是只有壁画这一画种才有的独特魅力。

（1）永乐宫壁画（图 3-22），元代

在山西永乐宫三清殿壁画中最为著名的是《朝元图》，该作品高 4.26 米，全长 94.68 米，总面积 403.34 平方米。当你在大殿之中，巨大的画面让人仿佛置身于神秘庄严的佛教世界里，诸神表情淡定从容，身形飘逸端庄，使前来参佛礼拜的善男信女们无不为之倾倒、为之感动、为之震撼，使他们在虔诚祈求的同时，心灵得到慰藉。画中人物的衣纹有两三米长，而且看得出勾勒过程一气呵成，让古今无数画家叹为观止。

（2）西斯廷教堂壁画（图 3-23）

在梵蒂冈的西斯廷教堂，有意大利文艺复兴时期的巨匠米开朗基罗绘制的巨幅天顶壁画《创世纪》和《最后的审判》，周围墙面上还有波提切利、弗朗西斯卡等画家的作品。当你排上两三个小时的队，在来自世界

图 3–24　欧洲的教堂彩色玻璃窗

图 3–25　希腊雅典地铁壁画

各地不同肤色摩肩接踵的人群中抬头仰望教堂的天顶壁画时，会和所有现场的观众一样无不为这巨大的壁画所震撼并深感自己的渺小，感受米开朗基罗的伟大，惊叹画面所传达出的人精神力量的博大。

3.2.2.3 材技多态之美

由于壁画所处环境多种多样，功能需求各不相同，因此材料和技法的运用也参差多态。壁画能融合多种材料和技法，画面也相应呈现出不同材质的美感特征。汉白玉的精致细腻、红砂岩的粗犷质朴、陶瓷釉色的炫目流光、青铜浮雕的斑驳古韵、羊毛挂毯的温馨厚实、人工手绘的笔意纵横等，壁画呈现给观众的是无限丰富的、有着无限可能的材技多态之美。无论中外，过去的壁画基本上是以绘画性壁画为主；近现代随着工业技术和建筑材料的发展，人们的观念越来越开放，壁画本身又不限于固定的工具材料，因此形成了丰富多样的态势。壁画早已不是传统意义上的墙壁上的绘画，现代壁画往往融合多个画种、多种材料技法，甚至结合最新科技进行创作，使人感到新奇有趣，这样的作品正在以层出不穷之势发展着。加上人们观念的转变，对壁画概念外延的认识日益宽泛，结合相应的环境、空间、景观等综合元素，进行整体的、综合的设计是今后现代壁画的发展趋势，并呈现出巨大的、无限可能的空间。

欧洲的教堂彩色玻璃窗可以说是壁画中的奇葩，教堂内部相对较暗一些，但抬眼望去，无数块五颜六色的玻璃组成一个个宗教故事画面，璀璨绚丽，使庄严肃穆的氛围徒增生机和活力(图 3–24)。

希腊雅典是一座文化古城，其现代化的地铁中有些壁画也极为精彩（图 3–25）。在宪法广场站中，由于在建设该地铁站点时，曾在地下挖掘出不少文物，在站厅里的展柜中展示着其中一些文物的复制品，该壁画是在巨大的展示墙上保留着此处出土时的地质构造剖面效果，不同的土层颜色、质感各异，既有抽象绘画的材质美感又明白易懂，同时表现出希腊悠久的历史和文化积累，作品既自然质朴又现代强悍，有很强的视觉冲击力。

壁画这一古老画种由于依附于不同的建筑，表现了多样的主题和形态；尺幅巨大，给观众以激动人心的视觉震撼；材技不限，展示出丰富的材技美感。正因为如此，壁画正在以方兴未艾之势在世界各地的公共艺术领域蓬勃发展，为人们呈现出独特的壁画之美。

3.2.3 壁画设计要素

壁画是公共艺术，它附着于建筑墙面上，它不只是画，它是建筑密不可分的一个部分。建筑的多样性为壁画家的创造和发挥提供更多的可能，壁画制作和材料的多样性又使壁画成为最具交叉性的画种。在壁画设计中，壁画和建筑的协调关系应该排在首位，具体设计中，则应该将诸多因素互相关联、对照、比较，进行整体综合设计，这是壁画家必须做的。其中，至少有六个因素非常重要：功能作用、构图样式、情致意趣、色彩处理、多样材质、限制与自由。

3.2.3.1 功能作用

壁画依附于建筑，建筑是为人们的需要而设计建造的。由于人们的需求不同，因此赋予了不同的建筑以特定的功能作用。作为公共艺术的壁画，总是和特定的建筑环境联系在一起，为其所处的环境赋予应有的功能作用。这是壁画主题确定的前提，是整体综合设计的出发点。

无论苏联和墨西哥的政治性壁画、还是洛杉矶的街头壁画，无不具有深刻的主题和内涵，都对其所处的环境起到应有的功能作用。壁画从来都不是毫无目的而孤立存在的，总是和它应起的功能作用联系在一起。概括地可以分为以下几种性质：纪念性、宗教性、宣传性、装饰性等。

《墨西哥历史——今天与明天的世界》（图 3–26），迪埃戈 · 里维拉作，墨西哥国家宫南墙壁画，是特定历史时期的产物，是革命运动宣传的重要形式。该作品粗犷坚实的造型、强烈鲜明的色彩、强悍有力的线条，让人感觉到革命的激情、昂扬的斗志和不屈的精神，置身于其中使观众仿佛变身为一名战士，融入革命的洪流之中。

壁画作为公共艺术，具有一定的针对性和目的性。它区别于架上绘画和架上雕塑，不是纯粹个人情感的表达与宣泄。壁画家在设计中，决不能忽视壁画的社会功能，应该通过自己的设计尽量实现其社会功能，并自觉了解社会公众的审美喜好，使自己的作品更恰当地表达主题，同时，又融进自己的情感和智慧。

3.2.3.2 构图样式

壁画构图不同于其他画种，有自己的独特性。古往今来，很多依附于建筑的壁画，画幅都非常巨大。巨大的墙面给人的视觉冲击极其强烈，同时又为壁画设计提供了完整的诠释和创作空间。壁画比其他画种更适合表现大信息量的场面。在巨大的画面上，可以展现不同的时间空间转换，更多的人物组合、景物变换、多种形象，而不会引起观众的视觉疲劳。

张世彦先生的《唐人马球图》（图 3–27）是壁画构图中的经典之作。画面以不同时间、空间的场景组合，表现了中国唐代打马球这一体育竞技项目的完整过程和壮观场面。画面疏密得体、层次分明，情节的展开和延续都处理得非常清晰得当。

由于建筑墙面各不相同，因此壁画从来就没有固定的构图模式。不同墙面大小形状呈多样性，这也给壁画构图的多样性提供了前提，使壁画在构图样式上形成丰富的变化。可以说，在所有画种中壁画是构图样式最多的。画家根据这种特点巧妙安排构图，设计情节和造型，形成了有趣的样式。

由于画幅巨大，很多作品难以从一个视点上一览无余，因此观众走动观赏是壁画的另一个特点，它也为多个中心散点构成提供了前提，多时空的转换以及复杂庞大的场面组合使壁画具有了耐人寻味的魅力。

3.2.3.3 情致意趣

壁画设计一方面要与主题紧密联系，另外也要机智巧妙、情趣天成地设计作品的兴奋点，吸引观众驻足

图 3-26 墨西哥历史——今天与明天的世界

图 3-28 桂尔公园蛇形长凳，高迪，巴塞罗那，西班牙。

图 3-29 意大利地铁壁画

图 3-27 唐人马球图，张世彦。

观看，达到回味无穷、生动有趣的效果。

壁画作为公共艺术，长期存在于大众的生活环境中，它必须能够接受公众长久的欣赏和审视。它对公众的影响是潜移默化的，如果能提供有多重含义的图形设计、巧妙的构思等，则更能令人玩味，从中体会作品的情致和意趣。在儿童主题的壁画中，要以孩子们能接受的形式，使作品充满童趣，在作品和孩子们之间形成有机联系。

西班牙建筑大师高迪著名的作品巴塞罗那桂尔公园（图 3-28）。其中蛇形长凳是公园中的精品，它将怪诞的造型和瓷片镶嵌有机地结合在一起，游客坐在上面的时候，能欣赏到形态各异的花纹，曲折而又富于变化的造型给人以非常独特的审美的感受和别致的情趣体验。

3.2.3.4 色彩处理

由于壁画依附于建筑墙面，它的色彩效果必然与建筑形成联系而非单独存在。壁画的色彩和建筑的色彩之间大多时候应该是和谐的关系，如果两者不和谐，则各自的作用会有所抵消。不过，有时两者形成恰当对比，会加强他们的关系，形成新的视觉感受。

壁画属公共艺术，壁画的整体色调可以璀璨夺目，也可以朴素单纯，重要的是要和建筑环境协调。同时还要考虑它的功能作用、画面主题内容和人们的视觉心理等因素。

意大利地铁中的一幅壁画（图 3-29），简单的红、蓝、黑、灰，几种色块相互交错不断重复，造型也有些许变化，画面单纯而富于变化，人们走过时的感受是轻松和愉悦。

画幅巨大的壁画，与光照的关系也很重要。尤其是室内壁画，距窗户的远近、照明光源的强弱都会影响它的效果。我们在设计壁画时要充分考虑这些因素，合理利用，以形成美妙合理的视觉享受。

3.2.3.5 多样材质

壁画作为一个画种概念，它的绘制、制作手段是多种多样的。壁画依附于不同的环境，也就为多种材质

图 3-30　台湾高雄捷运美丽岛站的光之穹顶

图 3-31　创造 收获 欢乐，刘秉江，北京饭店。

的运用提供了无限多的可能性，这也是壁画艺术的特性。现代社会的发展、多种新材料新技术层出不穷，再加上新的观念，使我们可以展开想象的空间，扩展壁画概念的外延。多样材质所构成的画面形成了它特有的美感因素，多种材质就构成了多样的美感，这也是只有壁画这一画种才会有的巨大的包容性。在壁画中多种不一样的材质呈现出多样的变化，给观众丰富的感受，材质的美感得到了尽情体现。

台湾高雄捷运美丽岛站的光之穹顶，是在 4500 块镶嵌玻璃上面彩绘并与灯光结合，寓意着宇宙的诞生、成长、荣耀、毁灭而重生的轮回，中间的两根蓝、红色圆柱，象征着阴阳，表达出对世界和谐的向往。驻足现场，美轮美奂的效果让人流连忘返。从公共艺术壁画角度看，该站是在创意和材料选择都是难得的佳作（图 3-30）。

3.2.3.6 限制与自由

壁画由于其所处的位置和环境千差万别，形态也各不相同。因此，对壁画创作的限制也多种多样。这里有功能和主题上的，也有存在和形态上的，是所有壁画家们都要面对的问题，很多都是不可改变的。壁画家不能因为种种限制而去抱怨，而应该在限制中求自由，在有限中求无限发挥的空间。如果能巧妙恰当地利用这些限制因素，常常会有意想不到的惊人效果。可以说这是壁画的魅力之所在，也是让壁画家施展才华的用武之地。在壁画设计中，限制与自由是相对的，巧妙利用限制的因素可能会达到另外层面上自由、神奇的效果。

刘秉江先生为北京饭店绘制的《创造　收获　欢乐》（图 3-31），充分利用画面左侧巨大的空间，刻画了多个民族围成圆圈翩翩起舞及不同的生活和劳动场面，右侧的门没有成为构图的障碍，而被画成鸟语花香的藤萝架，如此巧妙的设计充满了诗意。

为了更好实现壁画的社会功能，我们需要保证壁画的主题明确，发挥壁画的构图特征，抓住吸引观众审美的兴奋点，做好壁画的色彩处理，充分利用各种材质的特性，在建筑形态的局限下求得巧妙的发挥。以上这些和其他诸多影响壁画创作的因素相互关联，对壁画设计非常重要。

壁画大都画幅巨大，制作性很强，工序复杂，很多时候都是在最后的时刻才能看到效果，但这时难以再做修改，因此有时最后的画面能让人非常惊喜，也有时成为遗憾的艺术。但这种不可预料性，也可以说是壁画艺术的又一特点所在。

现代社会的发展，使人们的很多传统观念都得到彻底的动摇，人们的审美观念也在经历着各种文化的冲撞，也在扩展着人们的认知领域。壁画作为造型艺术中包容量最大的画种，无论从体裁、材质、样式等多方面也在扩展着它的外延概念。多样性、综合性可以说是现代壁画的重要特点。灵活运用这些壁画设计要素是制作出较为成功的壁画作品的前提。

第 4 章 公共艺术的媒介材料、技术和可能性

人类社会文明的进步，材料的使用是重要标志。作为融合人类思想与客观物质的艺术创作，在人类文明发展进程中有其发生与发展的规律与脉络，是深入认识与利用材料的体现。艺术家对材料的使用，开始是石、木、骨等天然材料，火的出现和使用技术的提高，使得陶器、青铜、铁器的烧制和冶炼铜出现并得以广泛使用。在工业化时代各种合金材料、复合材料的发明和机器的使用大幅度地提升了人的造物能力。随着信息化时代和生物科技时代的到来，数字技术、人工智能架起了现实和虚拟世界的桥梁。公共艺术作为一种和媒材、技术密切相关的艺术形式，一方面广泛使用传统材料，一方面增加了新材料的使用。水声光电等作为新型表现材质，工艺、技法及表现范畴大大扩展，新材料和新技术形成了极具自身特色的艺术表现语言与规律，公共艺术对材料的选择与使用由此走进一个全新的发展空间。

4.1 公共艺术媒介材料使用的历史发展

4.1.1 媒介材料的概念

材料是人类社会发展过程中人类生活和生产的物质基础，是人类认识自然和改造自然的工具。它的历史与人类史一样久远，人类一出现就开始使用材料。考古学把人类文明划分为旧石器时代、新石器时代、青铜器时代、铁器时代等，体现出材料发展对人类社会影响的重要性。材料是人类进化的标志之一，任何工程技术都离不开材料的设计和制造工艺，一种新材料的出现，必将支持和促进技术和文明的进步。从人类的出现到 21 世纪的今天，人类的文明程度不断提高，材料及材料科学也在不断发展。

在公共艺术领域里，材料作为公共艺术的重要表现语言，是艺术家用于制造艺术品的所有物质，是艺术魅力和审美意蕴的物质载体，是公共艺术创作中必不可少的基本条件之一。正如心理学家鲁道夫 · 阿恩海姆说：“一个视觉式样所造成的力的冲击作用，是这个知觉对象本身固有的性质，正如形状和色彩也是其固有的性质一样……一块陡峭的岩石，一棵垂柳，落日的余晖，墙上的裂缝，飘零的树叶，一汪清泉，甚至一条抽象的线条，一片孤离的色彩或是在银幕上起舞的抽象线条，都和人的面部具有同样的表现性，对艺术家来说有着同样的价值。”对公共艺术家来说，使用不同的媒介材料会传递出不同的艺术情感与创作诉求。因为媒介材料自身只是一个客观的存在，没有生命，它的温度变化和情感发生是与艺术家的发现和运用之后产生了意义，是艺术家的一个确切的选择。

4.1.2 媒介材料的历史发展

旧石器时代里，原始人是以石头作为工具直接使用的。进入新石器时代，人类对石块进行加工，使之成为制作器皿和精致工具的材料。新石器时代后期，随着火的使用，出现了利用黏土烧制的陶器。在寻找石器过程中人类认识了矿石，并在烧陶生产中发展了冶铜术，从而开创了冶金技术。农耕社会里，青铜材料因其相对于自然材料的优越性，被人类广泛使用。后来人类发明冶炼铸铁，进入了铁器时代。在冶铁基础上，人类又发展了钢的制造技术，进入了材料与科技发展的快车道。

18 世纪时，钢铁工业的发展成为产业革命的重要内容和物质基础。19 世纪随着现代平炉和转炉炼钢技

术的出现，除了钢铁，铜、铅、锌、铝、镁、钛也被人们大量应用，人类真正进入了钢铁时代。直到 20 世纪中叶，金属材料一直在材料工业中占有主导地位。20 世纪中叶以后，科学技术迅猛发展，材料又出现了划时代的变化，人工合成高分子材料问世，先后出现尼龙、聚乙烯、聚丙烯、聚四氟乙烯，以及维尼纶、合成橡胶、新型工程塑料、高分子合金和功能高分子物质等材料。高分子材料与有上千年历史的金属材料并驾齐驱，并在年产量的体积上已超过了钢，成为尖端科学和高科技领域不可缺少的材料。20 世纪 50 年代开始，锗单晶、硅单晶和化合物半导体等材料的应用和发展，使人类社会进入了信息时代。

新时期以来，现代材料科学技术的发展，促进了金属、非金属无机材料和高分子材料之间的密切联系，从而出现了一个新的材料领域——复合材料。复合材料以一种材料为基体，另一种或几种材料为增强体，可获得比单一材料更优越的性能。复合材料作为高性能的结构材料和功能材料，不仅用于航空航天领域，而且在现代民用工业、能源技术和信息技术方面不断扩大应用。

4.1.3 媒介材料的分类

从物理化学属性来分，材料可分为金属材料、无机非金属材料、高分子材料。

从性质上来分，材料可分为结构材料与功能材料。结构材料是以力学性能为基础，制造受力构件所用材料，对物理或化学性能也有一定要求，如光泽、热导率、抗辐照、抗腐蚀、抗氧化等。功能材料则主要是利用物质的独特物理、化学性质或生物功能等而形成的一类材料。有一些材料往往既是结构材料又是功能材料，如铁、铜、铝等。

从时间顺序上来分，材料可分为传统材料与新型材料。传统材料是指那些已经成熟且在工业中批量生产并大量应用的材料，如钢铁、水泥、塑料等。这类材料由于其量大、产值高、涉及面广泛，又是很多支柱产业的基础，所以又称为基础材料。新型材料是指那些正在发展，且具有优异性能和应用前景的一类材料，具有轻质、高强度、保温、节能、节土、装饰等优良特性。

新型材料与传统材料之间并没有明显的界限，传统材料通过采用新技术，提高技术含量，提高性能，大幅度增加附加值而成为新型材料；新材料在经过长期生产与应用之后也就成为传统材料。传统材料是发展新材料和高技术的基础，而新型材料又往往能推动传统材料的进一步发展。

此外，还有生态材料的说法。生态材料的概念来自于生态环境的概念，主要特征：节约资源和能源；减少环境污染，避免温室效应与臭氧层的破坏；容易回收和循环利用。生态材料指在材料的生产、使用、废弃和再生循环过程中与生态环境相协调，满足最少资源和能源消耗，最小或无环境污染，最佳使用性能，最高循环再利用率要求设计生产的材料。

4.1.4 公共艺术材料的类型

公共艺术作为现代艺术、现代工艺与现代材料的结合体，材料涵盖广泛，制作流程复杂，是其他艺术种类难以比拟的。同时，公共艺术材料的创新及延展性也是其他艺术种类所不具备的。不同艺术家在公共艺术创作中随观念的改变、题材的变化、艺术效果需求等往往会自觉地寻求不同的、新颖的材料来展现自己艺术作品的特质。

（1）天然材料

在原始社会，人类只能使用天然材料，如兽皮、甲骨、羽毛、树木、草叶、石块、泥土等。这一阶段，人类所能利用的材料都是客观存在的。在艺术发展的不同时期，虽然人类文明程度有了很大进步，在制造材料科研与使用方面有了各种技巧，但为了特殊的审美需要，很多艺术品还是采用纯天然材料的简单加工。

（2）火制材料

距今约10000年前到20世纪初的一个漫长时期，人类利用火来对天然材料进行煅烧、冶炼和加工，用天然的矿土烧制陶器、砖瓦和陶瓷，以后又制出玻璃、水泥，以及从各种天然矿石中提炼铜、铁等金属材料。陶瓷的端庄，青铜的华美，铁的厚重，玻璃的轻盈，水泥的纯朴……这些材料成为公共艺术领域应用最多的材料。

（3）合成材料

20世纪初，随着物理学和化学等科学的发展以及各种检测技术的出现，人类一方面从化学角度出发，开始研究材料的化学组成、化学键、结构及合成方法；另一方面从物理学角度出发开始研究材料的物性，开始了人工合成材料的新阶段。这一阶段出现的材料在公共艺术领域中，主要是人工合成塑料、合成纤维及合成橡胶等合成高分子材料，以及合金材料、无机非金属材料、超导材料、半导体材料等。

（4）复合材料

20世纪50年代金属陶瓷的出现标志着复合材料时代的到来。复合材料时代的典型材料主要有玻璃钢、铝塑薄膜、梯度功能材料、抗菌材料等，这些都被运用到公共艺术作品的制作中。

（5）智能材料

就像所有的动物或植物都能自诊断和修复一样，人工材料出现了新的发展方向——智能材料，如形状记忆合金、光致变色玻璃等。尽管近10余年来，智能材料的研究取得了重大进展，但是离理想智能材料的目标还相距甚远，而且严格来讲，目前研制成功的智能材料还只是一种智能结构。

4.1.5 公共艺术媒介材料的选择标准与要求

对于公共艺术材料的选择与使用，要遵循一定的标准，一般按下述条件而定：

（1）能否承受使用环境溢度的变化、使用时负荷的变化。

（2）制作工艺是否合乎环保标准，成型加工性能及二次加工性的难易程度，

（3）弯曲强度、拉伸强度、冲击强度、电绝缘性、弧性、耐火性、耐水性、耐油性能、耐溶剂性、抗菌性能、光学性能、电学性能是否符合国家标准。

（4）在模具中的变化情况，尺寸稳定性、安全性如何。

（5）外观及经济成本、特殊需要是否能达到要求。

（6）后期维修及保养是否便捷。

4.1.6 公共艺术主要媒介材料的美学特征

与观念的革新和思想的进步促进公共艺术语言的发展一样，材料的发展给予公共艺术语言的进步以更多的可能性。公共艺术的创作要重视思想观念与情感的内在因素，但也不能忽视运用物质材料的文化承载力，要把物质材料的文化承载性与图示象征性应用到公共艺术创作当中，达到物质与思想的完美融合，完善艺术作品的思想性、文化性与美学特征，并且架构起与观众心灵沟通的桥梁。

大自然造物的神奇给公共艺术提供了丰富的艺术创作材料资源，不同材料体又表现出不同的肌理质地，

展现出不同的视觉美感和艺术价值。如石木、金属、塑料等，这些丰富的可以为公共艺术所采用的物质，在艺术表现中展示出来的审美语言是不同的。艺术家在公共艺术创作中对各种材料的选择、加工、创新代表了个体的艺术创作观念和审美追求，特别是对材料选择和加工过程中体现出来的主观性、偶然性，增加了公共艺术的独特艺术表现力。由此，公共艺术材质的属性美与材质美方面的独特性，成为公共艺术的一大特点，构成了公共艺术特殊的艺术魅力和审美特质。公共艺术的创作周期较长，对于材料制作的技术要求较高，其难度主要是对材料的掌控与多种材料的综合运用，这也是材料的物理性决定的。公共艺术的材料的处理技法非常丰富，有铸造、打磨、抛光、镶嵌、磨绘、刻填、堆塑等多种表现形式，技法掌握难度大，需要在大量实践中寻求不同的艺术处理技法以及意想不到的视觉效果，最终达到材料与技巧的完美结合。

不同的材料被用在不同的领域，是因为这些材料具有不可替代的特性。有的材料是用在艺术品中，有的材料是用在生活用品中，有的材料是用在建筑环境中。材料自身也可以表达一种情感，它或许有生命体，或者是无生命的，但是通过艺术家的理解、运用，而使材料自身散发出特有的情感属性，与作品能够形成一种呼应。

（1）石材

石头给人最直观的印象就是古朴典雅、厚重粗犷、硬朗大气。现代石材公共艺术作品有简洁流畅的线条，风格上融合了新古典主义手法。有些石材的公共艺术抽象造型，具有鲜明的艺术特色，给人留下无限的遐想。西方艺术家通过直接将石头进行切割、修整、打磨，最终呈现作品，探索空间、材质之美。中国艺术家往往是根据不同的体量、纹理来完成不同的公共艺术作品，用一种由心及物、由内而外的表达方式展现东方文化关于时间、空间、自然、命运和美的思考与表达，展示着中国古典哲学中“道法自然”的境界。

汉白玉是一种名贵的材料，洁白无瑕，质地坚实而又细腻，非常容易雕刻，古往今来的许多艺术品采用它作原料。据传，我国从汉代起就用这种宛若美玉的材料修筑宫殿，装饰庙宇，雕刻佛像，点缀堂室。因为是从汉代开始用这种洁白无瑕的美玉来做建筑材料的，人们就顺口说成了汉白玉。其二，在我国的新疆和田地区，有一种非常好的建筑装饰材料，它大多呈卵石状。由于这种洁白如雪的白石产在河床中，呈半透明状态，还带有晶莹剔透的水色，人们就把它称为水白玉。汉白玉又叫大理石，是以云南省大理县的大理城命名的，大理城以盛产优质大理石而名扬中外。汉白玉质地坚硬洁白，具有清纯、透亮的感觉，代表了材料自身的情感。比如罗丹的《思》，所能够传递这种精神与情感美学。

（2）木材

木材是我们人类最古老、最传统，同时也是最理想的建筑材料（图 4-1）。早在数千年前，人类就开始使用木材建造房屋，制作物品。历经风吹雨淋的木材保留了大自然力量的淬炼，每一处纹理细述岁月沉淀而来的质感，充满了自然与和谐的宁静。本质上来说，木材来自树木的树干，是树干中维管形成层原始细胞的分裂、分化、成长和成熟等生命活动过程的产物，在这一过程中形成了木材美妙绝伦的微纤丝细胞堆积构造。在木材不同断面上可显现出由不同细胞组合而成的赏心悦目的自然图案。木材物质的颜色质地、细胞构造和分子结构等在纵向和横向都会呈现有规律的韵律，这种韵律美完全是大自然的杰作。人们对木的爱，代表的是对生活的爱。木材以其优雅、美观、大方的天然色泽与清晰纹理，以及隐含的美学特征，使其在公共艺术中有着其他材料所不能替代的地位。

（3）陶瓷

陶瓷是陶器和瓷器的总称，是一种用陶土和瓷土这两种不同性质的黏土为原料，经过配料、成型、干燥、焙烧等工艺流程制成的特殊材料。陶质材料质地相对松散，颗粒也较粗，烧制温度一般在 900℃～1500℃之间，温度较低，烧成后色泽自然成趣，古朴大方，成为许多艺术家所喜爱的造型表现材料之一。常见的有黑陶、白陶、红陶、灰陶和黄陶等，呈现出朴实的美学特征。瓷质材料具有质地坚硬、细密、耐高温、釉色丰富等特点，烧制温度一般在 1300℃左右，给人高贵华丽的感觉。用陶瓷制成的公共艺术作品，凝聚着创作者的情感、心手相应的意气，带着泥土的芬芳，描述着艺术家心理、精神和性格的发展与变化，表现着地域文化气息，展现着社会生活画卷。

（4）青铜

青铜是金属冶铸史上最早的合金，在纯铜中加入锡或铅的合金，有特殊重要性和历史意义，与纯铜相比，青铜强度高且熔点低，铸造性好，耐磨且化学性质稳定。青铜发明后，立刻盛行起来，人类历史出现了新的阶段“青铜时代”。6000 年前的古巴比伦两河流域的苏美尔文明时期，有狮子形象的大型铜刀。荷马在《伊利亚特》史诗中记载了希腊火神赫斐斯塔司，把铜、锡、银、金投入他的熔炉，炼成阿基里斯所用的盾牌的故事。中国自古更有大量青铜艺术品，如三星堆的青铜鼎、秦始皇墓的铜车马、颐和园的铜亭、泰山顶的铜殿、昆明的金殿、西藏的布达拉宫装饰等，都是青铜艺术典范。青铜因其具有的熔点低、硬度大、可塑性强、耐磨、耐腐蚀、色泽光亮等特点，在公共艺术领域中被广泛应用。

青铜一旦被热化、液态化之后流动性非常好，适合铸造雕塑，可以做得非常精细、完美，例如人物的头发就可以用铜水铸造出来，仿真度很高。青铜这种材料因为经常被运用在制作雕塑创作作品中而具有很强的文学性。跟钢铁的冰冷不一样，青铜更具文艺特性。雕塑家罗丹的《思想者》就是用青铜铸造的（图 4–2）。铜水凝固成之后，人体痉挛、肌肉鼓胀都被完美地表达出来。包括罗丹做的其他青铜作品，如夏娃的那种羞涩，包括《老娼妇》的形象，这种老人体的悲怆之美，因为铜的质感增加了这种悲怆的力量。其他的如多纳泰罗的《大卫像》，在佛罗伦萨市政厅门口边上，大卫提着被砍下来的美杜莎的头，成为一件不朽的作品。

（5）钢铁

不锈钢是不锈耐酸钢的简称，耐空气、蒸汽、水等弱腐蚀介质和酸、碱、盐等化学侵蚀性介质或具有不锈性的钢种统称为不锈钢。不锈钢的耐蚀性取决于钢中所含的合金元素。按组织状态分为马氏体钢、铁素体钢、奥氏体钢、奥氏体－铁素体不锈钢及沉淀硬化不锈钢，按成分分为铬不锈钢、铬镍不锈钢和铬锰氮不锈钢等。公共艺术家热衷于在艺术创作中使用不锈钢，恰是看中了不锈钢耐腐蚀的属性特征，抛光后光洁闪亮的视觉特征，反射四周景物的镜面特征，可以长期保持艺术品原有外貌的材质特征。

美国雕塑艺术家理查德·塞拉善于使用大型的钢板，去做各种各样弯曲的墙和各种各样的弧形（图 4–3）。他以大卷轴钢板的极简主义结构而闻名。他的许多作品都是自支撑的，强调材料的重量和性质。他说他早期的记忆是：“我所需要的所有原料都包含在这个记忆的储备中，这已经成为一个重现的梦想。”

杰夫·昆斯的代表作品《气球狗》，在制作时，将材质做成抛光的金属表面，再喷色。体现的不是材质本色，而是利用这种材质通过表面处理，取得另外材质的视觉效果的真实性（图 4–4），去完成和表达自己情感的作品。作为一个商业上很成功的艺术家，他的作品更具有时尚性。抛光的镜面处理，色彩的处理，材料上接近彩色气球。这是青铜或大理石都不能去表现的，正好是这种材料，经过烤漆或者是镏金的处理，让它具有表皮的仿真性和完美性。当代艺术其实很多时候是突破这种传统艺术的表现手法，或者是表现主题，它更加走入到流行文化的前列。

图 4–1　美国印第安人图腾柱，木材，斯坦福大学。

图 4–2　思想者，青铜，罗丹。

图 4–3　抽象的作品，钢板，理查德·塞拉。

图 4–4　气球狗，彩色不锈钢，杰夫·昆斯。

图 4–5　奈良美智作品，树脂。

图 4–6　南瓜，树脂，草间弥生。

（6）合成树脂

合成树脂（俗称玻璃钢）作为人工合成的一类高分子量聚合物，兼备或超过天然树脂固有特性，受应力时有流动倾向，常具有软化或熔融范围，破裂时呈贝壳状。因为制作材料轻质化、工艺流程简单、易于造型、造价低廉、安全易用、可以着色等特点，合成树脂成为公共艺术材料使用中的一个新品种。

树脂其实就是一种化学性的材料，由于工业文明的发展，这种化学材料其实在我们生活中用得很多，代表了工业进步带来材料的多样性或者是便捷高效。有不少艺术家就是用树脂做作品，因为这种材料更加廉价化，易于造型与着色。但是这种廉价，在降低生产成本的同时也造成了大量的污染，因为这种材料是不会被降解的。

日本艺术家奈良美智的艺术风格也是一种流行文化的体现（图 4–5）。他的雕塑作品就做得很轻盈，与其绘画作品的轻盈梦幻有一致的风格。他在树脂上喷上与其绘画作品中一样的色彩体系，使绘画形象由平面延伸到立体的造型。他有一件制作女孩头像的大型雕塑是以陶瓷作为主要材质。小女孩的无邪和陶瓷质朴自然的质感相得益彰。奈良美智的艺术是社会多元文化的体现，具有时代特性。

另一位日本的艺术家草间弥生在做南瓜的作品时候，不再重视于这个雕塑的材质能体现什么，她更注重雕塑作品本身的表皮是不是有草间弥生的个人艺术元素，她会用烤漆的方法去体现其艺术语言，夺目的黄色和黑波点成为海岸线一道突然而又让人乐于接受的作品（图 4–6）。日本濑户内海是在成功的越后妻有大地艺术季之后的第二个发展地，这个地方因为去年担心这个经典艺术可能会被台风吹走，几个工作人员把那个南瓜给抬走了，事实证明这个南瓜不是金属做的，是用树脂做的。

（7）混凝土

混凝土也称水泥（旧称“洋灰”），粉状水硬性无机胶凝材料。加水搅拌后成浆体，在空气中硬化或者在水中硬化，并能把砂、石等材料牢固地胶结在一起。作为一种重要的胶凝材料，硬化后不但强度较高，而且还能抵抗淡水或含盐水的侵蚀，长期以来被广泛应用于土木建筑、水利、国防等工程中。由于制作工艺的便捷、经济成本的低廉、坚固耐用的特点，在公共艺术领域被广泛使用（图 4-7）。尤其是在混凝土制成公共艺术品后，经过着色处理，具有独特的肌理特征与美感。

混凝土与钢筋不再受自然材料的限制，通过人工的这种复合材料，形成固化，可以做得更迅速，而且它也具有比大理石还坚固的整体。

美国建筑师佛朗克 · 盖里的建筑突破了传统建筑的四平八稳，把建筑走向了雕塑化，通过材料形态的扭曲，形成具有不规则结构的设计（图 4-8）。佛朗克 · 盖里的作品都是扭动的，通过的钢架跟铝板的成型，使异形成为可能性，这既归功于人类的工业文明的发展，也归功于这位艺术家。这些材料因为这些建筑师个体建筑语言上的一些杰出贡献，产生了建筑的多样性。英国建筑女魔头扎哈的建筑充满流线型，或者说是未来感，虽然也许它少了点人情味，但从建筑艺术自身而言，扎哈在建筑史上是作出了杰出贡献的，她从设计艺术的角度去考虑建筑的形态，与佛朗克 · 盖里有着不同的建筑语言风格。盖里的建筑具有艺术史中立体派的绘画风格，有点像这种立体派的精神塑造，他设计的建筑带有音乐性。

西班牙艺术家高迪的作品是新艺术时期的一个产物。艺术家的设计灵感从自然中得到：植物、海洋的生物、贝类……他由自然界得到很多滋养，然后把这些形态运用在艺术创作中。在巴塞罗那，他最了不起的就是这一生都奉献给了圣家堂，这个建筑非常漂亮，像万花筒一样，是西班牙的骄傲（图 4-9）。他的作品中，马赛克拼贴视觉效果光彩夺目。彩色陶瓷本来只是我们日常用品的彩色陶瓷被他用做各种各样的建筑外表皮，以表现大海、表现蜥蜴、表现龙……艺术家使这些日常材质焕发出新的生命力。

（8）新型材料

采用新型材料，不但能满足公共艺术的制作功能，还可以使外观更具现代气息，满足人们的审美要求。有的新型材料可以显著减轻自重，为推广轻型结构创造了条件，推动了施工技术现代化，大大加快了公共艺术加工与实施速度。由于新型材料表现出了很强的跨学科性，导致现代公共艺术融合了最新的艺术理念、思维方式和最新的技术手段，在生成手段上融汇了几乎是现有学科门类一切的技术理念与方法，包含生物学、光学、化学、遗传学、材料科学、计算机信息处理科学、虚拟界面与计算机人机接口、互联网技术、虚拟现实技术、远程传播、通信技术、基因技术，等等。

德国艺术家基弗是一个深沉而赋予使命感的艺术家，基弗出生于战后德国的废墟之上，废墟成为他不断表现的主题，充满了恐惧和死亡气息。基弗的作品，表达了深层次的对战争的反思，代表人类历史的伤痕。他所用的能表现其特殊思想的一些材料，不是那种精挑细选、细细打磨类型的。他作品的这种粗糙感，充满物的呼吸，物的时间性，体现出了对人类命运的关怀，对人苦难的关怀，这是艺术给人类带来的精神上的奇迹。

他的《卡丽娜：古代女子》，所参照的是著名剧作家瓦格纳的歌剧“指环”所讲述的一个历史故事（图 4-10）。在歌剧接近结束的时候，女主角布林希特被她深爱的英雄齐格费里德所杀害。她在为自己所爱的

图 4-7　向海平面致敬，混凝土，奇利达。

图 4-8　毕尔巴鄂古根海姆博物馆，综合材料，佛朗克·盖里。

图 4-9　圣家族教堂，巴塞罗那，高迪。

图 4-10　卡丽娜：古代女子，综合材料，基弗。

图 4-11　天梯，火药，蔡国强。

图 4-12　包裹海岸，克里斯托。

人点燃葬火之后，悲痛欲绝，无法自拔，骑着自己心爱的马跳入燃烧的火堆中。作为一件以金属丝、金属板与布为材料的雕塑，这幅作品重达 701 公斤。

中国艺术家蔡国强家乡的每个重大场合都有烟花爆竹，这让蔡国强对中国古代四大发明之一的火药产生了浓厚的兴趣，开始用火药作画。他所要表达的是焰火绚烂华丽背后的理想主义和追求，爆炸的一瞬间，脑海里一切都是未知的惊险刺激与强大的破坏力，是一种特殊的力量，更是人们追求任何一种东西的代价。他因火药爆破艺术而出名，1999 年蔡国强荣获威尼斯双年展的金狮奖，成为中国文化界在国际上，第一位获得这一奖项的艺术家。

2008 年他的奥运会焰火《历史足迹》燃放出 29 个巨大焰火脚印走向“鸟巢”。依靠蔡国强整场演出的烟花“护驾”，这场开幕式盛宴在视听和剧情上获得巅峰荣耀。2015 年 6 月 15 日黎明，蔡国强在故乡小渔村海边，点燃 500 米高的“天梯”（图 4-11）。500 米高、25 吨重的“天梯”，被一个 6200 立方米的白色氦气球牵入高空，伴随着绚烂的烟火，冲向云霄。一座 500 米高的金色焰火梯子嘶吼着拔地而起，与无垠宇宙对话。这是蔡国强少年时代仰望天空、摸云摘星的梦想，也是他致敬奶奶的亲情作品。

著名美籍保加利亚地景艺术家克里斯托，以其著名的包裹艺术震撼了世界。克里斯托和珍妮·克劳德一直对看得到的既存物抱着疑问的态度。他以惊人的气势，包裹了建筑、海滩、岛屿、山谷。要完成这样规模浩大的创作，材料的选择就非常重要了，纤维材料的出现解决了这一难题（图 4-12）。从克里斯托夫

图 4-13 从这里开始，综合材料，丹尼尔 · 布伦 安特卫普，1969 年。

妇的官网上可以看到，除了克里斯托前期完成的小件包裹作品之外，1961 年的科隆海港（Cologne Harbor）是夫妇俩第一次合作，也是克里斯托第一件大型的室外作品，之后二人陆续完成了 31 件作品，包括室外作品 20 件，其中有著名的包裹海岸、飞奔的栅篱、包裹国会大厦以及伞系列。室内作品 11 件，主要为包裹美术馆，例如包裹贝纳美术馆、芝加哥美术馆等，他们的大型作品每件都能带给人视觉震撼，这些气势恢宏的作品给观者带来的震撼让人不得不感叹克里斯托夫妇野心勃勃的艺术理念。

丹尼尔 · 布伦作为当代艺术最重要的艺术家之一，曾在 1986 年代表法国参加威尼斯双年展并获金狮奖，2007 年又获得被誉为“艺术界诺贝尔奖”的日本皇室世界文化奖，是当代艺术领域的常青树。在他的艺术里，条纹纸是一个重要材质。他的作品不是以物的形式得以保存，而是作为空间的一部分，总是诞生在它所处的位置上，而不是如同绝大多数艺术家那样在工作室实现后再转移到展厅展示，而且大部分作品都在展览后就被拆除了。

1969 年，在安特卫普的展览中，布伦将画廊内部的展示空间与画廊外部的建筑立面连接在一起，把条纹纸排列在湛蓝的邀请海报上以及建筑外立面扁平的基座上，条纹材料从消防栓一直延伸到画廊门口，然后从门口进入画廊内部。以这种方式探索绘画与建筑之间的关系，回应建筑的真实性（图 4-13）。1975 年，德国门兴格拉德巴赫市立美术馆展出他的装置作品《从这里开始》，所有房间的墙面都用竖条纹覆盖，从条纹纸中剪出的矩形空白代表了空间，而绘画作品仍然被悬挂在墙上，使整个展示空间的墙面主动地为展览主题服务。

他还探索关于声音片段的建构，由 37 个人用 37 种不同语言，按照色彩单词在各语言中的字母顺序，依次朗诵黑、白、蓝、黄、橙、绿六色的名称、数字 95（蓝色顶盖数量）和 94（黄、橙、绿三色顶盖数量），构成一些数字的排列，所有的这些朗诵，穿插作品其中。布伦又邀请音乐家亚历山大（Alexandre Meyer）来编排节奏，混合声音。当观众经过的时候，这些混合过的文字和声音通过特别的扩音器播放在广大的空间里，观众置身其中，犹如一股声音的浪潮在周身释放开来。

4.2 新媒介材料和可能性的探索

当代社会科学技术迅速发展，多媒体艺术、信息艺术得到从无到有的突破，新材料、新形式、新问题不断出现，极大地推动了公共艺术的发展。其实早在 20 世纪初，当照相术和电影出现并发展起来后，“新媒体”的艺术概念就在西方世界形成了。一些“先锋派”艺术家开始了新媒体艺术进行创作，如艺术家马歇尔 · 杜尚、乔治 · 马西欧纳斯等，后来随着电视艺术家白南准、波普艺术的领袖人物安迪 · 沃霍尔、录像艺术家比尔 · 维奥拉和后现代艺术艺术家约瑟夫 · 波伊斯等人的出现，新媒体艺术得到了积极发展。随着信息技术、互联网、摄像技术、非线性编辑、数字图像合成技术、VR 虚拟现实和仿真、数字通讯技术、远程交互技术等的广泛运用，让新媒体艺术样式在现代社会里突飞猛进。因此，西方世界 20 世纪的一百年，是新媒体艺术诞生并快速发展的时代。

20 世纪 90 年代初，新媒体艺术及其创作理念传入中国，国内学术界开始对新媒体和新媒体艺术予以研究，出现了些学术性研究论文和论著。进入 21 世纪这个人类知识急剧变革的时代，新媒体艺术从此前的落地、生根、发芽，开始开花、结果，一批针对艺术新样式、新媒介、新材料、新技术方面的研究论著随之出版，如《新媒体艺术》（张燕翔，2005）、《新媒体艺术》（童芳，2006），《新媒体艺术史纲》（陈玲，2007）。整体来说，目前国内学界对于“新媒体”“新媒体艺术”等概念的内涵与外延的界定尚不统一。

可以说，信息、网络和新兴科学技术在新世纪的勃兴以及艺术理念与技术理性的跨学科综合，给当代艺术带来了全新的面貌：一种超越所有媒体，跨越多种媒介，融合科学、技术与美学、文学、艺术观念的新型艺术样式在人类面前呈现出来，这就是“新媒体艺术”。概言之，“新媒体艺术”就是综合运用当代通讯和电信技术、计算机、互联网（站）、多媒体互动软件、光盘、数据库、虚拟现实技术和其他现代科学最新研究成果进行艺术构思、创造与传播，体现新技术手段与艺术思维的融合，带有交互式、沉浸感与“仿真”性质的、体现科学技术理念与人文精神双向互动的艺术形态；它是以“多媒体计算机及互联网技术为支撑，在创作、承载、传播、鉴赏与批评等艺术行为方式上全面出新，进而在艺术审美的感觉、体验和思维等方面产生深刻变革的新型艺术形态”。

4.2.1 新媒介材料的概念

美国新媒体理论家列维 · 曼诺维奇在《新媒体语言》一书中指出：新媒体的范畴是“因特网、网站、计算机多媒体、计算机游戏、CD-ROMS 和 DVD，虚拟现实”，“图形、活动图像、声音、形体、空间和文本都成为可计算的，也就是一批计算机数据。一句话，媒体成了新媒体”。曼诺维奇指出定义新媒体有五个原则：数值化、模块化、自动化、可变性和编码化。

英国新媒体艺术先驱罗伊 · 阿斯科特认为：“我们一般说的新媒体艺术，主要是指电路传输和结合计算机的创作 。”

澳大利亚当代艺术理论家苏珊 · 阿克里特认为：“新媒体艺术是一个非常宽泛的词，其主要特征是先进的技术语言在艺术作品中的使用，这些技术包括电脑、互联网及视频技术创作出的网上虚拟艺术、视像艺术以及多媒体互动装置和行为。”她指出了新媒体艺术的技术特性，是一种“技术化的艺术”。

目前，学术界普遍认为新媒体艺术包括：网络艺术、数字电影和独立影像、录像艺术、数字摄影、声光装置、计算机游戏、多媒体艺术（包括电脑动画、互动式光盘多媒体、超文本、计算机音乐和声波艺术、混合艺术、数码艺术与戏剧、舞蹈和装置等其他艺术形式结合）、远程信息艺术、虚拟现实艺术、机器人艺术、交互电视及电影、生物技术艺术等。

4.2.2 新媒介材料介入创作的主要方式

媒介材料作为公共艺术形式的重要形式要素之一，在当前及未来探索上主要表现为三种方式：

图 4-14　法国巴黎皇宫花园，布伦

图 4-15　降雪，安东尼·格姆雷。

图 4-16　生命之源，光艺术线条灯和投光灯，上海市中心的文化广场大厅。

（1）对原有材料的沿用

在公共艺术表现领域，仍旧延续了对那些已经成熟且在工业中已批量生产并大量应用的材料，如木头、石头、钢铁、水泥、塑料等。这些传统材料的特性仍旧依托于人们的创意思维及使用方式，发挥着独特的魅力与影响。

（2）　新材料的使用

随着人类智慧与美学的融入，激光、3D 打印、VR 虚拟现实技术等新媒介、新材料、新科技的使用，公共艺术进入新天地。特别是信息社会里计算机界面、虚拟数字接口和“仿真”技术的广泛运用，一个公共艺术作品就像列维 · 曼诺维奇所预测的“可能是静态的数码绘画、数码电影、虚拟 3D 世界、计算机游戏、独立制作的超媒体、超媒体网站或者整个万维网”。

随着媒介和载体对艺术思想的不断输出，美术馆也开始成了限制公共艺术发展的高墙，一些艺术家开始使用别样的材料和形式来跨越高墙。丹尼尔 · 布伦就是走出美术馆的先行者，经历了由画家到雕塑家，进而到公共艺术家的转变。布伦将他的作品由极限主义的平面绘画搬到大街上，搬到公共空间中， 见证了公共艺术时代艺术家观念的变化过程。1986 年，丹尼尔 · 布伦在巴黎 18 世纪的建筑物——皇宫花园实施他的“条纹柱子”，油漆，水泥柱成了他的第一选择（图 4-14）。

《降雪》这个作品对安东尼 · 格姆雷来说是一个脑洞打开的过程，他想要去创造的是这样一种记忆，空间对于人身体的记忆（图 4-15）。人的身体通过创造这么一个空间想要说什么话？作品的创作其实很简单，他在雪里走啊走啊，找个地方故意一滑，身体倒下去，砸出这么一个坑来，这就是他的作品，但是他想说的是，这个作品代表了他的身体在一定时间里，在空间中所占据的位置。现在他离开这儿了，它就是一个他的影子或者说是一个他的缺席。那么未来别的人就可以去填进这么一个影子，填进他缺席的这个空间之中，人们就产生了联系。所以无论像纤维这样的软性材料还是像水泥这样硬性材料；是到自然界本身像雪这样的软性材料还是盐碱矿地这样的硬性材料，或是摸不着的光、昙花一现的烟花，只要是在自然环境中具有可观赏性和一定的思想输出性，都变成了公共艺术可用的材料。

坐落于上海市中心的文化广场大厅里，顶部光影勾勒出孔雀开屏般的艺术效果，也让主墙面的大幅壁画《生命之源》更显生机勃勃；虽然看不到灯具，但灯光与大厅浓厚的艺术气息融合得恰到好处，使这个艺术殿堂更具感染力。制作极具技术先进性，光艺术线条灯 PL06 设计精巧简洁，打光均匀，支架式结构可调节角度，安装使用方便，投光、发光均可用；光艺术线条灯和投光灯 PC01，配合科艺华 LED 智能控制系统可产生各种灯光变化，为剧场大厅营造出高雅华丽、散发艺术气息的环境氛围（图 4-16）。

在巴米扬石窟群中有两座大佛，一尊凿于 5 世纪，高 53 米，着红色袈裟，俗称“西大佛”；一尊凿于 1 世纪，高 37 米，身披蓝色袈裟，俗称“东大佛”。中国晋代高僧法显和唐代玄奘都曾瞻仰过宏伟庄严的巴米扬大佛。

巴米扬大佛历尽沧桑，至今已有 1500 多年的历史，曾经历 3 次劫难。2001 年 3 月 12 日，大佛遭到塔利班政权的残酷轰炸，已面目全非。2015 年，来自中国的张昕宇和梁红夫妇及其旅行团队，利用先进的建筑投影技术，成功对 53 米高的大佛进行了光影还原，并以此方式向中阿两国友谊致敬（图 4–17）。

图 4–17　巴米扬石窟大佛，建筑投影技术，张昕宇、梁红，2015 年。

（3）对原有材料的挪用

公共艺术在原有材料的沿用基础上，进行了突破式使用。虽然仍是原来那种旧的媒介，但是它的语言已经转化过了。可以说，公共艺术对原有材料的使用，具有最鲜明的特质为连接性与互动性，其表现形式很多，但它们的共同点只有一个，是对原有材料创作的艺术思维和观念、意义和功能、审美特征和价值属性的更新利用与扩展延伸。

4.2.3 新媒介材料探索的可能性

随着时代的发展，人类科技的日新月异，艺术在时代进步的背景下也发生着巨大的变化。艺术从来就不是脱离时代独自前行的，每个时期都展现出当下时代的烙印，我们今天生活的现代社会，由于物质科技的巨大变革，艺术的形态也会展现出丰富多彩的一面。

金木石等材质是雕塑艺术中的传统材质，随着科技与人类生活空间的变化的发展，这些传统材质也焕发出新的生命力，展现出技术进步所带来的新的可能。

法国作家居斯塔夫 · 福楼拜曾预言：“艺术越来越科技化，科技越来越艺术化，两者在山麓分手，有朝一日，将于山顶重逢。”

材料科学的内涵日益丰富，未来会出现什么样的高技术材料，材料科学又将发展到何种程度，虽然很难预料，但前景必定是乐观的。

“新媒体艺术”影响下的当代公共艺术，是当代“技术型文化”的一个组成部分，涉及文化艺术、科学技术、意识形态、社会制度和精神生活等多个层面，是一种开放型的媒体。当代公共艺术对新媒体的使用，无论是在艺术观念还是现代科技上所采取的都是一种开放与自由的态度，它最大限度地实现了技术与艺术的资源整合。

新的媒介材料影响下，未来公共艺术将具有很强的实验性或者不确定性，不同于现存的任何一种艺术样式，其表现形式也不局限于现存的任何一种媒体，几乎涵盖了影响当代社会个人和集体生存质量和价值的所有新技术、新媒介，因此，我们完全有理由把这类公共作品界定为一种新的文化载体。由于新媒体技术增强了公共艺术的互动性、开放性与动态性，并使之成为人类新的生存体验方式和认知方式。公共艺术在表现内容上所具有的新颖性与前瞻性不容置疑，并将强烈地冲击着人类的认知结构和知识体系。

由于新媒体材料对艺术家旧有的艺术思维、传统的艺术观念冲击下导致的更新、创造与发展，新的公共艺术表现形式上更加意义开放、综合性强且具有互动沉浸功能。在内涵上包括新型的媒介文本体验、对虚拟现实和真实现实世界的新呈现方式、欣赏主体与新技术之间的新型关系、传统媒体与新媒体之间新的传承与互动、人类对自身和世界的新感受、新启示等。公共艺术的新媒体的特点为数字化、交互性、超链接、分布式结构、虚拟现实与生存模式，这些特征使公共艺术表现为一种媒体艺术化的美学表征和诗意倾向。

图 4-18　无限空间，激光投影，雷夫卡那多。

图 4-21　风力仿生兽，泰奥扬森。

图 4-22　茧，综合材料，马丁纳基斯 · 亚当。

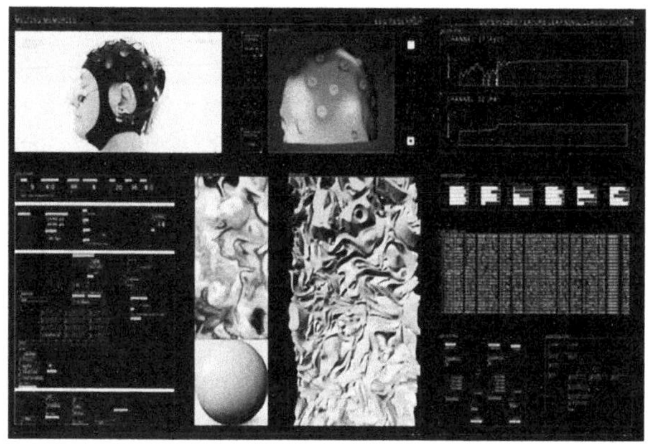
图 4-19　消融的记忆，脑电图中收集认知控制神经机制的数据，雷夫卡那多。

图 4-20　消融的记忆，数位绘画、光线投影多维视觉化作品，雷夫卡那多。

1985 年出生于土耳其的艺术家雷夫卡那多（Refik Anadol），认为对当代艺术文化主题的转变需要重新思考新的审美，他一直带着对“智能手机几乎占据了人们的日常生活，人们对空间变化的体验如何？媒体技术如何改变人们对空间的概念化，以及架构如何接受这些不断变化的概念化？”问题的思考，创造了一系列令人震撼的沉浸式电子艺术作品。

《无限空间》（Infinity Room）是一个身临其境的视觉项目，整个项目中“光”作为主要的元素，在一个封闭的房间，通过四台激光投影仪，将影像投射房间的墙壁上，地板和天花板安装上反光镜，再配上类似呓语的配乐，把观众包裹进虚幻的空间（图 4-18）。在这个空间内，身处其间的观众会完全陶醉在“失重”和“漂浮”的奇妙感受中难以自拔。

《Melting Memories》名为“消融的记忆”，重现的是大脑内回忆的运作机制（图 4-19）。从脑电图中收集认知控制神经机制的数据，再通过数位绘画、光线投影跟扩增数据雕塑等技术，转化为多维视觉化作品（图 4-20）。

荷兰动感雕塑艺术家泰奥扬森发明的“风力仿生兽”（Strandbeests），依靠机械原理和自然风力移动前行，结构巧妙之处在于合理利用平衡性进行物理变量的转化，能源转化率非常高。

仿生兽的构造分为三大部分：“肌肉”就是塑料管的腿部，“神经系统”就是气流的控制阀，“风”就是动能，是“食物的来源”。这些巨兽“以风为食”，自主行走，有着栩栩如生的动态（图 4-21）。

塑材料与技术美学的更多种可能，边界从固体向液体、气体、 光、波和场扩展开来。它们是即生即灭的雕塑。

数字雕塑是利用计算机数字技术制作的虚拟雕塑，它模仿现实手法对存在或不存在的物体进行雕塑，数字雕塑家可以使用软件对任一现实的或虚拟的、完全基于自己想象的事物雕塑。数字技术的能量越来越大，对当代雕塑产生了深刻的影响，数字雕塑的目标并不是将传统雕塑取代，不必在超越传统雕塑上走弯路。数字雕塑有其特有的使命，作为一种新的技术种类，它有着强大的功能和无限的魅力（图 4–22）。它扩充了雕塑家的创作思路，增强了雕塑家创作的能力，数字雕塑技术结合 3D 扫描和 3D 打印，为当代雕塑的技术实现提供了更多的可能性。

4.3 公共艺术中材料与技术的关系

公共艺术迅速崛起，作品大都是直接放置在地面上或者悬挂在墙面上，使用的材料也越来越大众化。选择材料的美学标准不是从艺术经验出发，而是以材料在日常生活中的被接受度来判断，这与生活中的技术息息相关了，而随着思想及社会领域的重大突破而呈现出技术的飞跃式的发展，作品的形式、作品的表达能力、作品的存放能力，以及技术的发展也必然会刺激新的材料语言出现，艺术家也会不断寻找新的思维和感官视角。下文将从艺术家的实践中探寻公共艺术中材料与技术的关系。

4.3.1 材料呈现体现技术革命

公共艺术作品的材质随着科学技术的进展变得多种多样。艺术家在设计人们生存空间的时候，再也不会因材质和技术达不到的问题而感到苦恼。

如今越来越多的艺术家偏向于利用科学技术手段，将公共艺术作品与观众产生互动性，让艺术作品脱离传统的材质和表现手法，将三维的、静止的艺术作品转向四维的甚至多维的空间方向发展，他们脱离科学技术的桎梏，在原有艺术的表现手法上运用声音、电、机械、灯光等多媒体手段将技术作品尽可能多地与大众进行互动。

例如美国雕塑家亚历山大 · 考尔德的动态雕塑，他运用金属薄片、铁丝的材料，利用风能、声音和光等科技手段，使雕塑作品在静止的公共空间中展现灵动和自然，而我们的视角也会在静止的空间中第一时间被吸引，这就是科学技术的魅力（图 4–23）。艺术是展现我们情感的手段，而科学技术则是我们展现情感的时候不被材料技术等限制的一种理性手段。它源于我们理性的大脑，却又要反过来服务于我们，我认为这才是科学技术与艺术最好的结合。

在景观性公共艺术作品中，人工水景是最具有代表性的。在大众的最初印象中，假山石喷泉是最经常见到的水景之一，也是我们公共生活中最熟悉的景观之一；随之而来的是在人工水景当中灯光技术的入驻，喷泉的类型，水流的状态、水量、时间等也慢慢有了很大的变化，让我们的视觉感受到了丰富的提升和变化，科学技术的发展大大推进了此类公共艺术的发展（图 4–24）。例如艺术家野口勇的《广场雕塑喷泉》运用计算机程序控制喷泉来表现变幻无穷的水景，此时花岗岩和抛光的不锈钢和铝材料相结合，也映射着这个工业发达的国家的科学技术。西班牙艺术家约姆 · 普朗萨设计的《皇冠喷泉》也很直接地体现了科技与材质的关系，黑色花岗岩制作的倒影池，玻璃形成的塔楼，通过数字控制的 LED 灯光和水流的展现形式。所以不

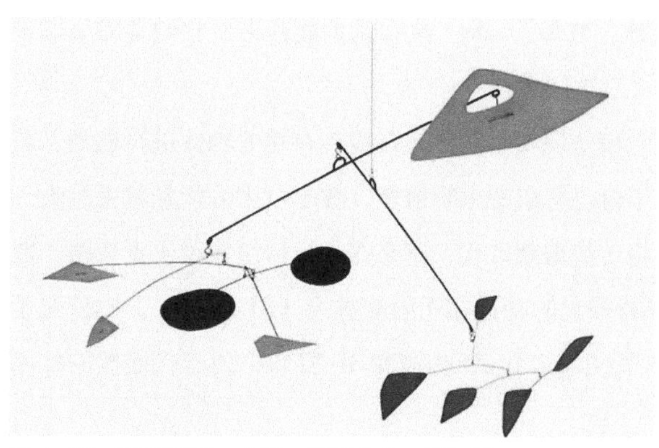

图 4-23 动态雕塑，金属，亚历山大 · 考尔德。

图 4-24 广场雕塑喷泉，金属，水 野口勇。

难想象，如果没有科学技术的支撑，艺术家就很难实现将综合材料聚集在一起，呈现公共艺术作品在艺术上给我们带来的壮观的、美轮美奂的、趣味的艺术效果。

除此之外，在当代的公共艺术作品中，我们选择的材料多种多样，而艺术家们也会在选择材质的问题上受到很多的困扰，如艺术作品的构图组合出现问题，或者艺术作品所需要的材质肌理颜色等，那么在这个困扰出现的时候，解决办法也会接踵而至。新媒体技术就很快地出现在了人们的视野中，这个技术手段运用计算机将轻而易举地改变我们所设想的任何一种形式，避免了传统雕塑手法的尴尬，它将原本不可能实现的材质运用到公共艺术创作当中，如气、光、风、水、影像，声音、气味等。例如美国的艺术家珍妮特 • 艾克曼的城市网雕艺术作品系列，我们理解的她的作品运用的材质就是轻质纤维，悬挂在城市的上空，给人的感觉就是一种轻盈的，随风飘动的感觉，但在这件作品中所运用到的材料就是比钢还要坚韧的光纤材料，这也充分地体现了科学技术对公共艺术作品材料的影响。这更加充分地说明了艺术材质和科学技术是相辅相成的关系，科技服务于公共艺术作品，公共艺术作品服务于人类，所以科学技术都在直接或间接的影响着我们的生活。

另外一个值得提及的公共艺术作品就是蒙特利设计的《棱镜计划》，这组作品属于公共艺术装置作品，它是由 50 面旋转的棱镜组成，每一个棱镜的材质都是由镀有特殊涂层的透明板材组成，重点是这组作品也运用到了新媒体技术，运用投影仪的形式让参观者可以置身其中，不仅可以操控它们，还可以听到音乐组合的声音。

由此可见，科学技术的应用在随时影响我们的生活，公共艺术作品中，艺术家首先会考虑到的就是材质的问题，而材质的使用会受到技术手段的限制，所以科学技术也慢慢成为艺术家们考虑的重点对象。科学技术的出现，不仅为艺术家减少了艺术创作中选材的问题，还为艺术家节约了成本和时间，让艺术作品以最便捷的方式与大众进行交流互动。

4.3.2 技术革命促进材料呈现

艺术进入 20 世纪以来就一直充斥着革命性的狂飙激流。各种艺术流派，携浪潮之势横空出世，每一家都锋芒毕露，认定自己将会赢得国际性的关注。各种宣言也纷纷发布，将年轻艺术家们的雄心壮志昭告天下。受到这种反叛与革命精神的影响，20 世纪的艺术局面堪比一场“艺术的反转剧”。尽管社会对这些激进冒险的艺术运动提出谴责与贬斥，但旧秩序终究颓势难挽，陷于崩溃。思想的狂潮引领出技术的革命，艺术家们都力图将自己置于实验性先锋艺术潮流的中心。当时的艺术界狂热的喧嚣，在百家争鸣中促使各项新材料相继涌现，只有当第一次世界大战这样的灾难性事件来临之际，躁动不安风潮中的美学斗士们才随之归于沉寂。

如今新艺术的主导者不再是时刻都表现出好战姿态的先锋派运动。艺术家们已经很少有想要操控艺术创新趋势走向的痕迹。艺术家们也不认为有什么必要将宝贵的精力消耗在对传统的痛斥上。21 世纪早期，艺术界主要的关注点都停留在个体艺术家身上。这是一个全球经济充满了不确定性、令人忧虑的时代，即便如此，如今艺术界所涌动着的、对创新冒险的欲求，在很多方面而言，还是比以往任何时代更具有自由奔放的精神气度。现代艺术博物馆受到前所未有的追捧，参观者甚众。即便是最离经叛道的挑衅型作品，只要公开展示了，都有越来越多的人乐于去获得直接的体验。人们对于艺术的胃口仍在持续增强；而且，所热衷的作品类型，挑战和颠覆了有关艺术可能性的技术与材料也正是此类创作的首选。雕塑家在此基础上所运用的创作方法或策略，以及材料的选择范围，也得到前所未有的拓展。如今，只要雕塑家能证明自己有实力化腐朽为神奇，将某种材料点石成金，那么，几乎任何东西都可用于雕塑。对于那些随心所欲并因这种自由转换的艺术态度而得益的艺术家们而言，可供选择的机会前所未有地充分。这最终使人们的审美视野也在各大现当代博物馆中被拓宽。

以人物举例，帕威尔·阿瑟莫、卡尔·安德烈、麦克阿瑟、米洛斯拉夫巴卡尔都是在二战后各国大力发展工业中寻找出了自己特有的材料。

帕维尔·阿瑟莫的艺术作品充溢着一种强烈的物质感。他创作所用的媒材多种多样，包括录像视频、雕塑与装置，他的作品直接触及和处置身边的世界，可被理解为是对客观现实的一种阐释方式。其独特的艺术视角是缘于 20 世纪 90 年代早期政治剧变时，他在波兰（曾经的东欧集团国家之一）长大的经历。

阿瑟莫的作品探讨社会问题，还有人们之间的关系，尤其关注那些被剥夺了公民权或穷困潦倒的人群。在其题为《舞者》（1997 年）的著名作品中，他拍摄了一群无家可归者，赤身裸体，围成一圈舞蹈。衣服的缺场，让人无法轻易识别出这些人是无家可归者。这件作品探寻了在一个通常都遭到蔑视的、被污名化了的群体中，人类表情或人性表达的状态，以及这些个体之间的互动。

阿瑟莫的创作，将熟悉的事物与程序从特定的背景语境中抽离出来，由此引发出新的诠释，并以此来质询日常生活中常规的经验。2007 年的明斯特公共艺术雕塑项目中，阿瑟莫贡献了一部题为《小路》的作品（图 4–25）。为此，他在德国小城明斯特营造出一条单车道与人行小径，穿过城市的草地和郊区田野，向远处延伸。从一定意义上来说，穿过城市的道路都会有相应的限制，游客们顺着任何一条这样的路线走，都会预期着常见的道路规则。但在这部作品中，本来应该避开的那些事物，这条小道实际上却直接穿过这一创作让人们去重新思考自己每天都习以为常地完成的一些动作与决定，同时也打开记忆，回顾起童年在乡间随意穿行的经历。阿瑟莫的小径长度连一公里都略有不足，在一片田野中间意外地戛然而止。这种突然的终止逼迫沿路行进者要即刻去决定，下一步向何处去，接着又要干什么。

所有极简主义艺术作品中，卡尔·安德烈的作品或许是雕塑感最强的。他的作品《等量 VIII》(1966 年）是一部系列作品，都是用 120 块耐火砖经过组合编配而成（图 4–26）。既然这些作品是由数量相等的材料构成，而且组合配置的方式很简单，所以我们就很清楚，总是可以有更多的组合形式可供替用这一作品为安德烈的艺术实践留下一道脉络痕迹，也宣告了他的每一件作品的唯一性和特异性。这种异常特质是通过具体的差异

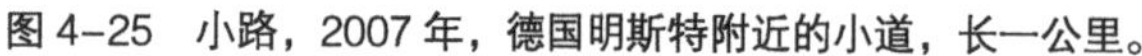

图 4-25　小路，2007 年，德国明斯特附近的小道，长一公里。

图 4-26　等量 VIII，1966 年，耐火砖，13cm × 68.5cm × 229cm。

呈现出来，不仅与这一系列中其他作品有区别，也与其所采用过的其他创作方式或策略有区别。

此作的特异性也表现在作品与雕塑所用的批量化工业材料之间的张力冲突上，我们可能会这样想：这些砖头的排列方式可以不确定地无限持续下去，而这部作品便只是物体形态变化的陈列展示而已，而不是雕塑艺术的创作。不过，这些作品看上去真正想表达或暗示的，是雕塑被简化到最基础的状态与层次——材料的组配与协调。因此，安德烈在此是呼吁观众更仔细深入地思考他的艺术实验，而不是不假思索地否定或忽略。

这些作品不仅强调艺术家所扮演的角色，而且以一种强烈、极端的方式要求观众介入作品。通过日常材料的运用，安德烈明确强调了，他的作品就存在于常态空间中。这些特质在《维纳斯金属锻造间》(1980 年）中表现得尤其明显：观众被邀请从平铺的金属块上走过。观众对作品的体验由此延伸到了生理层面，甚至是听觉层面——对于走在金属板上的脚步声，安德烈强调的不仅是雕塑的本质属性，而且将这种属性特质扩展了，越过视觉的边界，达到一种更完整全面的感官经验。在将人们的注意力引向作品突兀的特异性的同时，安德烈也修整和调适了作品的这种特异性，让其与观众之间的关系有所缓和，使之与人们和身边世界的关系顺从一致。

麦克阿瑟被视为雕塑家，但他的主要创作题材便是艺术的制度性框架体系自身：他的作品探讨了围绕在艺术周围并构成艺术本身的那些制度体系，不仅涉及艺术体系与外部世界的关联，也探究这些制度体系对艺术作品的影响：《明斯特装置项目（旅行拖车）》于 1977 年首次展出，但每过十年都在“明斯特雕塑项目”上重复展出：这件作品是由一辆未作任何标记的移动拖车构成；阿瑟每周移动此拖车环行明斯特城区一次（图 4-27）。虽然项目展官方记录档案中展示了这辆拖车，但拖车实地出现时，周边没有任何东西来向路人提示此物的“艺术地位”，阿瑟突出强调的是不同观众之间的反应差异，而不是展品实物自身有什么变化。有的观众清楚地知道此装置的艺术身份，而在另外一些观众眼中，此物则与任何其他的移动拖车别无二致。通过观众如此的态度反差，就否认了艺术品所谓的特异性。艺术品的存在，更多是由于创作者与观众之间有着相互的默契认定，而不是由于该物品中真有先天特质。阿瑟把社会语境也融入其作品，演示出语境变化时，人们对作品的接受反馈也随之改变，对于作品存在语境的探讨，植根于阿瑟创作的核心地带。20 世纪 60 年代晚期，他尝试分割与敞开画廊空间，以此来强化观众对画廊空间具体实在感的知觉体认，也让他们意识到这些空间缺乏客观中立性（画廊被视为是“艺术的”，这种先入为主的理念便是主观的、非中立的）。1974 年，他移除了加州洛杉矶克莱尔 - 柯普利（Claire Copley）画廊的一堵墙，将画廊运营管理部门所在的空间向观众敞开，而这个空间是（展览策划等）商业行为的发生地与操作场所。这一“揭秘”或“祛魅”创作，

图 4-27　明斯特装置项目（旅行拖车），现成物、行为，麦克阿瑟 1977 年。
上左 1977 年，第四周，7 月 25 日到 8 月 1 日的停车位，奥特－斯泰恩维格 (Alter Steinweg)，基弗展览馆 (Kiffe Pavilion) 对面 275 号或 274 号计时停车位上。
上右 1997 年，第四周，7 月 25 日到 8 月 1 日的停车位，奥特－斯泰恩维格，基弗展览馆对面 2560 号计时停车位上。
下左 1987 年，第四周，6 月 29 日到 7 月 1 日的停车位，奥特－斯泰恩维格，基弗展览馆对面 2200 号计时停车位上。
下右 2007 年，第四周，7 月 9 日到 15 日的停车位，奥特－斯泰恩维格，基弗展览馆对面。

强调指出艺术在大经济体中的位置，由此消解了人们的另一个假想——艺术具有超然中立性。这部作品揭掉了艺术空间的隔离之墙，那简洁明了的象征内涵，或许可以概括归纳阿瑟的创作实践。艺术家们通常创造出某样东西来构成其作品，而阿瑟则不仅操纵调用物品自身，同时也操纵和摆布空间，以此来消解人们的艺术假想或陈规定见，并就艺术的内涵这个主题，呈示出一份阐释性的谱系脉络。

米罗斯拉夫 · 巴尔卡的创作涉及雕塑、装置与视频，作品以波兰的现当代历史为题材。他的作品由令人过目难忘和极易引发感情共鸣的材料构成，包括灰烬、毛毡、盐、毛发与肥皂。广义而言，他的作品探讨了个人主观的精神创伤如何演化为群体的历史。他经常将注意力转向自己的祖国波兰，审视二战时期纳粹占领波兰期间的社会状态，还有当时犹太人的生存经历。巴尔卡在波兰长大，是天主教徒，他的作品探讨了这个人种成分复杂的国家历史当中的个体与集体生存经验。他还经常将自己的身体作为很多作品的原初出发点，有时候是用一些材料作为其身体的替代物，或者利用自己身体的尺寸来影响作品的构建。

2009 年，巴尔卡为伦敦泰德现代美术馆的涡轮大厅完成了一件大型作品。此作题为《这是怎么回事》，由一个巨大的灰色钢结构体组成，观众在走过一段长长的黑暗斜坡后，才能进入这个钢结构（图 4-28）。与巴尔卡的很多作品一样，此作的内涵也很明确，是隐射了纳粹大屠杀与集中营：斜坡令人联想到通连进入华沙犹太人居住区的地道，而钢结构黑暗的内部则象征运载犹太人去往奥斯维辛集中营的卡车；走进一个黑暗封闭的空间，这个过程会引发一种多少有点矛盾的体验，一方面，身心感受会相当强烈；另一方面，这种体验也会让人感到不安、心神不宁。

20 世纪 70 年代，随着技术的不断变革，思想的不断进步，人类对于性别的划分开始逐步递减，艺术的女性主义开始登上艺术舞台。莫妮卡 · 邦维奇尼、路易丝 · 布尔乔亚、莫娜 · 哈托姆这样的女性艺术家从她们的视角开始了公共艺术的创作，她们对于身边材料的理解也是技术对于公共艺术材料的一次革新。

莫妮卡 · 邦维奇尼探索建筑、性别与人造环境之间的关系 ，通过将异常的材料并置组合，例如皮革和天鹅绒与水泥和钢材一同呈现，质疑了现代主义作品那平滑表面的价值或合理性。她的这种创作策略，让习见的日常事物演绎出一种陌生与奇异感。她的作品让建筑与设计的基础原则呈现出开放性，可供进一步的阐释，同时鼓励观众去质疑那决定了这些建筑设计原则的社会机制与结构。她还创作过一些作品，直接指涉极简主义艺术家的作品，这些人包括卡尔 · 安德烈和索尔 · 勒维特 ，还有丹 · 格拉姆与麦克 · 阿瑟。

图 4-28　这是怎么回事，现场 综合材料，米罗斯拉夫·巴尔卡。

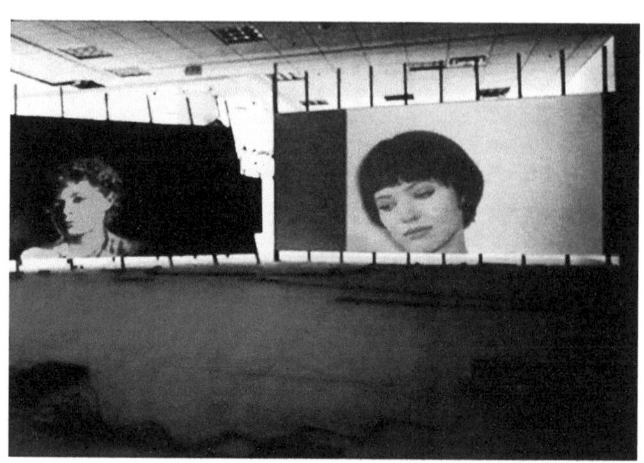

图 4-29　毁灭，她说，1998 年双频道的视频装置，安装于两面石膏板墙屏幕上，时长 60 分钟，尺寸不一，莫妮卡·邦维奇尼。

《毁灭，她说》(1998 年)是邦维奇尼最著名的作品之一，同时也带有直白明确的女性主义诉求(图 4−29)。此作是一个双频道的视频装置。每个视频屏幕上出现的场景都是女性靠墙或站或坐的影像，并将这些人物呈现为拼贴画般的形式。这些镜头都是取自 20 世纪 50 年代到 70 年代的电影，出品者为让·吕克·戈达尔、米开朗基罗·安东尼奥尼、莱纳·维尔纳·法斯宾德以及其他导演。这一作品指示出，在电影中女性如何被呈现为弱者，以至于需要墙壁之类的建筑物来倚靠，而这种倚靠可推测为是替代了对男性的依赖。

邦维奇尼还经常将恋物主题的美学与物质语言整合进自己的作品。但是，她是通过将痴迷拜物的对象去语境化，由此来对那些赋予物品以意义的价值体系提出质询。有时候，她的手法颇具攻击性，甚至富有暴力色彩——有的作品中用到锤子和尖锐的玻璃碎片。不过，她用到的破坏手段经过了深思熟虑，所导致的结果经常是美好的。这就暗示了她的作品不仅带有一种批判性，同时也是程度相似的一种缅怀与敬意的表达。

毋庸置疑，路易丝·布尔乔亚是世界上最重要的艺术家之一。在她那光辉灿烂、可圈可点、跨越了近七十年的漫长生涯中，她始终保持着开创与革新的姿态，见证和参与了 20 世纪诸多的重大艺术运动。在艺术生涯的初始期，布尔乔亚创作了抽象绘图、版画与油画，但从 20 世纪 40 年代起，她便专注于三维立体作品的创作。20 世纪 60 年代中期，她开始尝试使用一些非常规的材料，例如石膏、乳胶、大理石与青铜，由此让她处于这样一群艺术家的行列：他们的创作是出于对极简主义的回应和反馈。在作品中，布尔乔亚探讨了女性身份、性别与异化，还有家庭类的主题。她的创作概念都源于个人生活经历，而她的艺术主要是自传性质的，布尔乔亚的成长历程中，面对的是一位强权专横、同时还到处拈花惹草的父亲。在其作品中，她沉浸于这些痛苦的童年记忆，并力图探索人类情感的极限深度，她的很多作品都可被解读为灵魂或心理空间的延伸，隐伏于抽象与具体现实之间的某处。

在其生涯的早期，布尔乔亚的作品聚焦于人体，后来，她的创作中形成了一系列反复出现的视觉主题：例如，20 世纪 90 年代中期，她开始运用蜘蛛的形象，将其作为母性的复杂象征物来呈现。蜘蛛具有强烈的保护意识，并且极为多产，同时又是一种极富掠夺性的生物：在布尔乔亚的作品中，蜘蛛的形象既咄咄逼人、富于威慑性，同时又脆弱不堪，在《蜘蛛》（1997 年）中，这一生物网罗捕获了一个大大的笼子状结构，而这一结构代表其创作中反复出现的另一主题——监牢，对这一笼状结构可以有无数的精神分析学解读或阐

图 4-30　蜘蛛，综合材料（1997 年），布尔乔亚，时长 60 分钟，尺寸不一，莫妮卡 · 邦维奇尼。

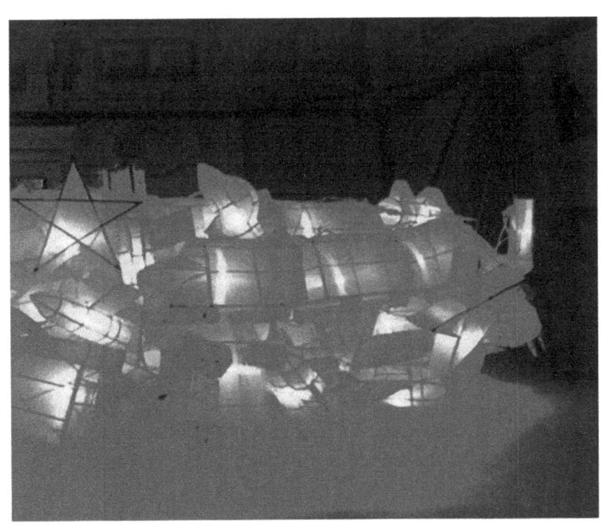

图 4-31　梦，2002 年丝绸灯笼、扇子与电光源，作品尺寸不一。装置展览图片，2008 年于意大利科德罗伊波的曼宁宅邸（Villa Manin）当代艺术中心复制（蔡国强）。

释，但其根本上还是代表着囚禁与压抑。不过，这还可以被理解为一个安静的、孤独的思考空间（图 4-30）。

莫娜 · 哈托姆的作品关注世界上的暴力与压迫。她生于一个巴勒斯坦人家庭；1975 年，内战在黎巴嫩贝鲁特爆发之后，她被迫逃亡到英国，有关政治动乱和民族冲突的个人经验在她的创作中渗透。20 世纪 80 年代，她开始行为艺术表演，聚焦于身体所能忍受的疼痛极限，同时也探讨行凶作恶者与暴行受害者之间的权利动态关系：哈托姆持续检视人类个体在遭遇或关联到社会制度体系中潜在的破坏力时所呈现的状态。20 世纪 90 年代，她开始尝试更为多样的创作媒介，包括装置、雕塑、视频和摄影。哈托姆经常利用日常物品进行创作，将它们转换为颇具威胁感的物理形态，并表现的有能力向受害者施加痛苦。创作于 1996 年的《擦鞋垫》便是一例：这一通常置于门口迎候人们入室的垫子，上面密布的却是不锈钢钉刺，此装置将一种事物特征与另一种差异化的特性相结合，由此产生一种超现实的观感。哈托姆的作品将不同事物混搭集结，机智诙谐，但诡谲阴森之气与恐怖畏惧之感也随之而来，因此就莫名消解了原有的幽默色彩。

哈托姆所运用的材料品种范围相当广泛，从现成拾得物到不锈钢、橡胶和沙子，不一而足：《光之刑》（1992 年）这一装置是由金属丝网做成的储物货架组成，构建出一个 U 形。整个构造由设置在这一围蔽式空间中心的一只灯泡照亮。这唯一的灯泡让铁丝网投射出凄惨可怖的阴影，散布于整个展场空间中，让其看上去类似于一间囚牢。铁丝那交错缠杂的网状结构形态既优美，同时又令人悚然心惊、不寒而栗。

东方文化在公共艺术中的展现。如蔡国强将东方传统材料火药进行当代艺术的再展现。蔡国强的艺术创作通常规模巨大，而且持续地指涉历史。他最出名的特色在于焰火的运用，而焰火是中国文化遗产中的核心内容，并且能够营造壮观的展示效果（图 4-31）。他对于中国历史的探讨总是关联到中国的现在：《梦》（2002 年）这个装置由从天花板上悬吊下垂的红灯笼构成，那些如波浪般起伏舞动的绸布，类似于地面上翻滚的雾霭，由此更强化了此作那梦一般的观感。不过，这些灯笼的形状，又像一般的日用消费品和武器，因此，作品的梦幻感就显得复杂难解了。那笼罩一切的灯笼红光，相当于某种古代典仪，同时又是共产主义的象征，而他对于那些极为现代的事物图像的传统化演绎，则看似试图要暗示一种文化遗产在当代的延续。

图 4–32 不合时宜：第一幕，八台小车与按序列布置的多路霓虹灯管，作品尺寸不一。装置展览图片，2008 年于古根海姆博物馆复制，蔡国强，2004 年。

图 4–33 圆点执迷——无限的镜子房间，黄色气球，草间弥生，2008 年。

由此一来，此作揭示的是不同意识形态在当代的同时共存，这些意识形态明确地彼此混融在一起。蔡国强经常被视为是所谓“中国情调”的供应商，将一种东方特色的“他物”或“异质感”呈献给一群主要由西方人组成的观众，他对现状看似抱持着一种批判姿态，而这种批判被烟花和奢华所掩盖。从根本上说，他的作品中提及的问题暴露出一般而言的“全球化艺术”的问题：民族化与国际化之间的冲突，还有本土文化的吸收、传承与破坏。他通过调整自己的文化遗产，力图介入这种进程。不过，在这样做的同时，他总是更多地选择接受当代世界的这种多样并存的复杂性，而不只是固守自己的历史传承（图 4–32）。

从 20 世纪 50 年代以来，草间弥生就在创作那种带有强迫症般执迷重复形态的图案。她的很多作品都是抽象画，覆盖有种种圆点。她还以这些圆点图案为基础，完成过若干装置作品，其中就包括 2008 年的《圆点执迷——无限的镜子房间》。这些圆点来源于她的幻觉，于是草间弥生的绘画便具有疗治功能，释放她的内心，将其幻觉经验转移到画布上，而那些装置则是将经验在空间中构建复现。毫无疑问，这些装置空间具有高度的幻觉感。《圆点执迷——无限的镜子房间》是由众多的明黄色气球构成，这些气球浮动于装置房间中，或者被压扁固定在地面上（图 4–33）。

草间弥生鼓励观众分享她的体验，吸引观众进入她的幻觉世界。因此，要实现与观众的互动，从绘画转向装置就成为关键：从对幻觉经验的平面记录转向在真实的立体空间中实际呈现那种经验。人们经常为草间弥生的作品贴上某种特定的艺术标签，例如波普，因为她运用了重复手法；再如超现实主义，因为她将内心经验外化和具体化了。不过，她的作品本质上是高度个人化的，对于加在她身上的类型化标签，她都表示出最激烈的反对意见。草间弥生时断时续地要入住精神病院，而且也确实被判定患有各种各样的精神障碍。但是，她的创作显示出，其精神状态与心理经验密不可分，她通过自己的艺术实践来拒斥医生的诊断结果。她让观众分享和进入她的个人经验，在观众与她的世界之间打开了一扇门，将美术馆空间转化为一个普遍的共同参照坐标或框架。根本上来说，她的装置项目对共性共通与交流沟通起到了促成作用。她提供了一种包含与容纳的方式，从而对抗了（精英体系中的）区分、差别对待和排外封闭。而正是通过这样的方式，我们所有人被（艺术的常规体系）不断地阻隔在外，当作群氓随意放养。

通过对上述当代艺术家的案例分析，探索利用的场所空间，运用材料来体现不同的艺术语境，已经没有任何武断和强迫性的限制。虽然，对多数新作品来说，四面白墙的传统画廊或美术馆还将继续充任理想的展示场所，但也有无限多样的替代性选择，已经远远突破了美术馆的空间局限。技术的突破使位于城市或乡村地貌中的、异彩纷呈的一系列场所，被孜孜以求于拓展其创作的地域或空间边界的艺术家们发掘出来。而这也意味着越来越多的艺术家着手采用即兴创作的权宜策略，去探寻世界上那些此前都被忽略了的材料。艺术本身在任何地方任何物质上都有可能繁荣生发，公共艺术就是最好的传播途径。在未来创作中，技术和材料的革新也会越来越趋于环保，人类的创作必然不能带着一种破坏性的傲慢无知，将作品强加于柔弱敏感的自然天地，这也是公共艺术未来对人类所栖身的这颗脆弱的星球表现出更为深广的尊重与爱意的原因。

总之，公共艺术家对选择的材料，是独具匠心的体现。材料不能脱离情感，材料也不能脱离艺术家的创作而单独存在。那么我们从这些经典艺术中，如何了解和运用这些材料呢？在建筑、雕塑、公共艺术中，都是创作与选材的自然结合。

第5章 公共艺术的设计路径

公共艺术设计作品不是一朝一夕就可以完成的，也不是设计师拍脑袋的结果，更不是从其他地方移植而来的“舶来品”，公共艺术设计是由过程到结果的历练，是客观尊重与主观创造相互碰撞与融合的结果，是设计师与对象对话与理解的反映。

与常规艺术创作的门类不同，公共艺术中的“公共”与“艺术”，使得其设计路径具备公共全民性、在地唯一性、艺术独立性兼具的特点，既包含逻辑推理的严谨，又包含思维的发散与收拢。这其中的公共全民性是指，公共艺术不止作品本身应致力于全民体验欣赏和体现公众意志，促进公共生活，而且创作的过程也应开放公众的参与，体现的是对服务对象的尊重与责任。而在地唯一性特指公共艺术作品对于场地内外周遭的物理、人与社会、历史文化等条件的交互与反馈，使作品呈现出与当地相关的独特形象与特质，强调的是对客观事实的接纳与反思。但公共艺术毕竟是艺术设计的一部分，其设计过程还应体现设计师独有的主观理解和审美表达，以多元的美感感染公众，以艺术的手段赋予作品性格与意涵，在此方面，公共艺术设计路径中，艺术主体的主观能动性也成就了公共艺术百花齐放的局面。

此外由于公共艺术是置于公共空间之中，鼓励和接纳公众参与的艺术，公共艺术是空间的艺术，也是强调视觉语言和体验感相互结合的艺术，这也反映在公共艺术设计的路径中：以空间为本，以体验为纲，随时以人的方式对空间进行塑造、评估与优化。

根据任务重点的不同，公共艺术设计路径大致可以划分为调查研究、设计、施工，即前中后期三个阶段。这其中前期是公共艺术设计方向与可行性的基础，中期是决定公共艺术质量的关键，后期是公共艺术成果展示和建立对话的保障，每个阶段环环相扣，都至关重要。

本章将纵览公共艺术从理念到落地的“全生命”设计周期，并揭示其特点与要点。

5.1 前期——选址、调查、研究、分析

本节将介绍公共艺术设计路径前期中相对客观的基础任务，就是公共艺术设置位置的选择、相关信息的客观调查与研究、主观分析与判断结论等，以指导设计向着合理与可控的方向进行。前期流程较类似于建筑与景观的工程类设计实践，考虑因素较多，而与纯艺术设计的直观创作不同，原因就在于公共艺术的固有本质，其作品是“人的”和“公共的”，想要创造出有公众价值的作品，就需要对公共空间的既有条件经由理解而做出反馈，从而拿出合理的决策方案。公共艺术是因借条件和解决问题的综合，一方面是对场域内外的有利条件加以利用，抓住其中蕴含的物质与精神的机会和可能性，以提升公共艺术作品的在地唯一性；另一方面是根据分析的结果，通过公共艺术对基地内外的不利因素和已有矛盾进行优化和解决，这又体现了公共艺术的问题针对性。因此客观与全面的调研与分析是公共艺术设计的起点和必要环节。

5.1.1 选址

英雄的塑像往往位于城市广场的中心，佛教造像大多置于佛龛或殿堂之中，大地艺术作品则常常位于人迹罕至的荒野，艺术作品所处的环境不仅直接影响作品的表现效果，更可成为建立与作品直接对话的互动对象，乃至作品的一部分。作为位于公共空间中的艺术，其所处的环境除了有助于启迪艺术理念，烘托

艺术表现之外，更决定了公共艺术实际功用、“公共性”的质量和社会效益的成果。试想阿尼什 · 卡普尔的云门，如果从芝加哥的千禧公园移至郊外的河缘草甸之上，当镜面不锈钢反映出郁郁葱葱的自然生境，作品本身将与大地景观融为一体，成为自然的一部分，同时因公众可达性远不及城市中心，前往观赏的过程会有如朝圣的旅程，作品会被披上一层神秘的面纱，但公众参与度和社会影响力会被严重限制，公共性会大打折扣。公共艺术是供使用者前来欣赏与体验的，因此选址不能纸上谈兵，需要设计师以专业的敏锐度和实事求是的设计态度，并坚持以人的视角，对场地进行实地踏勘，以选择出最为适合并且与艺术表现最为契合的场地。

公共艺术的选址的基本要点如下：

（1）应位于视觉重心

美国的规划学者凯文 · 林奇 (Kevin Lynch) 在《城市的形象》（The Image of the City）这本书中通过“认知地图”揭示了人们认识和理解空间与环境所借助的“路径”“边界”“区域”“节点”“地标”五大元素，其中的“节点”与“地标”不仅是点式元素，也是独具可辨识度和统领作用的元素。由于相对于公共空间中的其他元素而言，公共艺术大多以点景的方式存在，同时又具有其他元素所不具备的丰富的造型和色彩肌理，它们的存在，本身就具有成为节点与地标的优越性。更为重要的是，公共艺术的产生是人们对地方精神、人性关怀、生活感悟等的响应与表达需求的结果，也理应成为当地的象征和精神“节点”或“地标”，应被更广泛的人看到，因此公共艺术应位于公共空间的视觉重心点，即应具有理想的视觉可及性。常见的视觉重心一般位于一条视觉轴线的终点或多条视觉轴线的交汇点，例如数条街道的交叉口、环岛或广场的中心、山坡上的高地、迎面建筑的立面等，但仍需结合场地现状和作品定位具体情况具体分析。例如洛杉矶本地的艺术家理查德 · 怀亚特（Richard Wyatt）的壁画作品《城市之梦》（City of Dreams）（图 5–1）描绘的是经由联合车站的人们的肖像群，展现了洛杉矶这个多族裔聚居，拥有丰富多元文化的大都市，其位置就位于洛杉矶的重要门户洛杉矶联合车站东厅的玻璃穹隆之下，成为车站东入口的背景墙，每天数以万计的通勤者和游客从这幅被穹隆上投射下来的阳光照亮的壁画前穿梭，这幅作品也成了许多人对洛杉矶的第一认知。

（2）公众可达

公共艺术不仅是人们城市生活的审美源泉，更是人们公共生活的唤起者和推动者。公共艺术通过视觉吸引公众，唤起公众认知，成为公共空间的视觉重心，但公共艺术的空间属性更需要公众的参与和亲身体验，因此在动线上应该位于公众容易抵达的、交通方便的地点，尤其是步行便利的节点，以此成为城市生活的新核心。也正因为此，接纳公众多元活动的公共艺术应满足公共安全的要求，良好的可达性能保证理想的疏散效率，是公共艺术选址应具备的条件。美国装置艺术家克里斯 · 伯顿（Chris Burden）位于洛杉矶当代艺术博物馆主入口的公共艺术作品《城市之光》（Urban Light）（图 5–2）是由 202 盏 20 世纪 20 年代、30 年代被保留下来的路灯排列而成，起伏的天际线和丰富多变的透视线成为融合古典元素与现代构图的空间作品，也成为博物馆的门户和知名的参观打卡圣地。成就这一殊荣的不仅是因为其独特的造型，更是因为其地理位置位于威尔希尔大道（Wilshire Blvd）和奥格登马路（Ogden Dr）的三岔路口处，并由数座当代艺术博物馆馆舍相围合，公众可从东西南北各方向看到并抵达此作品，同时它也是参观当代艺术博物馆的必经之路。

（3）应位于交流与活动汇集点

城市公共活动需要城市公共空间，这也正是广场舞、市集、纪念活动、节庆典礼等会利用广场公园等相对开阔的公共空间的原因。致敬与服务城市生活，倡导健康开放的生活方式的公共艺术，一方面需要城市

图 5-1　城市之梦，理查德 · 怀亚特。

图 5-2　城市之光，克里斯 · 伯顿。

图 5-3　王冠喷泉（1），乔玛 · 帕兰萨。

图 5-4　王冠喷泉（2），乔玛 · 帕兰萨。

和公众生活作为创意和深入的源泉，另一方面公共艺术在唤起和梳理公众行为方面有特殊的促进作用，因此它们除位于视觉与动觉的重心之外，还应位于具有一定规模，并且拥有适宜尺度和设施的环境之中，换言之公共艺术不是创作作品，而是创作作品与作品周边生活的场景。西班牙当代雕塑家乔玛 · 帕兰萨（Jaume Plensa）设计的位于芝加哥千禧公园的互动喷泉《王冠喷泉》（Crown Fountain）（图 5-3、图 5-4）是由两块面对面的 LED 屏幕组成的城市装置，屏幕中滚动播放芝加哥 1000 名各族裔市民的表情录影，当表情从微笑化为嘟嘴时，位于嘴部的喷水口会向前方喷水，当嘟嘴收起恢复微笑时，喷水口会停止喷水，循环往复。这两块 LED 屏幕并非紧贴相对，而是相互拉开了约 45 米的距离，形成了一块略微下沉的浅水乐园，孩子们在其中嬉戏打闹，家长和旅游者则在喷泉场地东西两侧的通长景观长凳上休息和聊天，享受惬意的城市生活。因此这个作品的成功是因为两块有丰富互动体验的 LED 屏幕加上其间的戏水活动空间，再加上两侧的景观长凳相组合，共同形成了一个容纳公众多元生活的整体空间，这彰显了公共艺术作品不仅可以积极呼应和利用公众交流与活动，更可以成为公共景观元素和城市公众生活的积极组织者。

5.1.2 调查—研究—分析：客观信息搜集、提炼与处理

基地的既有条件，是成就设计的沃土，也是历练设计的沙场，艺术设计也是如此。无论是从作品的原创性出发，还是从公共艺术的实用功能和精神汇聚的效率出发，都应将作品的设计与场地的既有条件产生充分

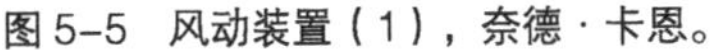

图 5-5　风动装置（1），奈德 · 卡恩。

图 5-6　风动装置（2），奈德 · 卡恩。

的互动关系，找寻可以利用的机会和需要解决的矛盾，以创作真正植根于基地的具有充分“在地唯一性”的作品。此寻找与挖掘的过程大致是从客观信息的搜集，经由深入研究与信息提炼，找出其中有意义和有价值的信息，再经过处理这些信息并分析出利用优势和解决问题的方式。这一过程从纯粹客观逐渐走向主客观的结合，不仅展现了公共艺术设计实事求是的基本态度，也体现了创作者对客观事实积极审慎的思考置入。

此外，对于城市而言，公共艺术项目作为统筹的公共文化设施，是城市复兴和公众生活提升的重要举措，因此对于公共艺术项目可行性的论证会有比较严格的要求。通过对既有信息的搜集、提炼与处理，选择最为适合的实施方式，以创造最大化的社会效益，一直以来都是公共艺术决策机构孜孜不倦的追求，也是评判公共艺术作品质量的标杆之一。

调查、研究、分析的信息，在内容上大致可分为物理和人两个方面。物理方面，能对公共艺术作品产生影响和公共艺术作品须做出响应的既有因素是自然条件和空间条件。其中的自然条件不仅可提供给公共艺术作品特殊的借助力量，还可通过影响使用者的行为间接对公共艺术作品产生作用。日照、风、绿化、生态现状等均可视为公共艺术创作中需要考虑的因素。试想兼具艺术审美与遮阳的公共艺术作品应考虑太阳光线与使用者的方位关系，在树冠中穿梭的公共艺术作品应了解树冠的高度与直径，在生态保护区的公共艺术作品可能同时为生物的繁衍生息提供场所……美国环境艺术家和雕塑家奈德 · 卡恩（Ned Kahn）专门研究以自然力量塑造雕塑形象的方法，尤其是对风动雕塑和装置有独到的理解，他的作品大多由悬挂在钢丝网格上的铝片组成，铝片被风吹拂后会产生晃动，在大面积的作品中产生了千变万化的褶皱和波纹效果，于是无形的风被转化成为有形的形象，并且这些作品大多被安放在建筑的外立面之上，这也赋予了建筑一层灵动和仿生的气质（图 5–5、图 5–6）。

除了自然条件之外，既有的空间与周遭条件也是影响公共艺术作品的重要因素，这其中包含基地空间尺度、周边功能、配套设施等，在设计过程中惯常提到的周边条件便属于这个类别。公共艺术需要在物质上融入所处的环境，因此要首先对所处的环境有清晰的了解。首先空间尺度即提供给公共艺术的“舞台”大小、艺术作品的大小与形式，以及人的感受均与之息息相关。研究空间尺度须首先以人为标杆，用人进行空间的量度，把握人在空间中的感受，同时需要对空间形式予以把握，压抑、开阔、狭窄、高耸等空间形式和特质来自于空间高度与宽度的比值，公共艺术作品既可以适应这些场地特有的高宽比，也可以与之产生互动。美国装置艺术家珍妮特 · 艾克曼（Janet Echelman）使用“渔网”这一原型，致力于使用编织的造型塑造风动的临时公共艺术，她的作品在各个城市的公共空间之上悬挂漂浮，其中作品《1.78 马德里》（1.78

Madrid）（图 5-7）位于马德里马约尔广场之中，120 米长 80 米宽的广场与周边围合的 20 米高的建筑形成了城市中难得的开放空间，与之相应地，《1.78 马德里》以舒展的姿态向四周延伸，尤以东西方向为甚。广场中央矗立着菲利普三世国王的骑马雕像，是广场的几何和视觉核心，珍妮特·艾克曼将她的作品设置于雕像的正上方，红蓝渐变的色彩和缥缈多变的造型，好似国王身上胜利的光芒。而她在洛杉矶落日大道上的另一个作品《捕梦网》（Dream Catcher）（图 5-8）取材于印第安人捕梦网，作品因地处城市街道，空间狭长，因此相对于马德里的作品，这件作品呈现垂直上下的趋势，空间尺度对作品的影响可见一斑。而周边功能、配套设施与使用者的构成和需求息息相关，公共艺术作品应与既有的功能与配套相互配合，而对于需求与既有不配套的功能则须予以补足。英国艺术家贝特朗·拉维叶（Bertrand Lavier）位于肯辛顿花园（Kensington Gardens）内的公共艺术作品首先因地处花园之内，作品取材园丁浇花使用的软管，将近百根被捆绑簇拥的正在喷水的软管组成了一个高 2 米左右的喷泉（图 5-9），它不仅成为与周边功能相互融合的公共艺术作品，同时这件作品结合着其下凹水池可在炎炎夏日提供人们玩水纳凉的机会。

影响公共艺术的与人相关的信息，是由公共艺术以人为本的设计宗旨决定的，是空间需被体验的特殊性所决定的。这里既包含个体的人的需求，也有群体的公众需求，还有社区精神和历史文化信息的影响因素。其中人和公众的需求可以从共性和特性两方面理解。就共性而言，生活在城市空间的人们拥有丰富多彩的日常生活，也对城市空间有着多种多样的切实要求。上班族、通勤者、游客、老人、儿童、残障人士等的欣赏和使用都会对公共艺术作品的造型、色彩、实际功能等产生不同的影响。而就特性而言，在地理环境和地域文化特色影响下的使用者，会呈现出更加多元的公共空间使用行为。无论是宗教、民俗，还是价值观、思维定式，都会左右各地人们特殊的需求，进而对当地的公共空间与其中的公共艺术产生作用。日本编织艺术家堀内纪子著名的巡回公共艺术作品《妙境》（Wonder Space）（图 5-10）是用绳索编织成网的，专供人们穿梭体验，尤其是儿童的攀爬游乐使用的临时“乐园”，考虑到主要的使用者是儿童，作品有意采用丰富多彩的颜色和形式勾勒出欢快灵动的气氛，同时空间尺度有意缩小，其中所有可以参与和体验的元素都非常适合儿童的活动并保证其安全。对于以上共性与特性的公众的需求，在公共艺术创作实践中，最负责和有效的方式便是倾听与调研，掌握一手信息，行之有效地落实以人为本的设计原则。而在更大广度的社会方面来看，对于公共艺术的影响因素主要集中在社区精神和历史文化信息，与人与公众的影响不同的是，社会因素是当下与历史因素的融合，是较长时间维度下群体性的意志和倾向。对待既有的社会和历史文化背景，已经存在并延续的应迎合和宣扬，消失殆尽或尚未显露的应予以挖掘和提炼。《温哥华人的结构》（Human Structures Vancouver）（图 5-11）是美国雕塑家乔纳森·博罗夫斯基（Jonathan Borofsky）2014 年的公共艺术作品，它是由一组尺度与人相仿的人形金属板高低叠放而成的，作品采用了多种颜色来代表温哥华特有的移民社会和多族裔的市民组成，象征全民相互扶持，积极向上的精神，是本地的社会结构与社会价值观赋予了此作品独特的面貌。

无论是物理条件还是与人相关的条件，都是客观存在，它们的丰富性赋予了公共艺术创作的沃土，同时公共艺术作品的原创性也是很多艺术家的艺术追求，因此对信息的道听途说和主观臆断是公共艺术创作前期调查、研究和分析时需要避免的情形。

具体从方法上看，对于物理上的条件，行之有效的方式是实地观察和数据文献的查阅。不同的人对于空间的感受大多是相通和类似的，因而利用空间的形状与特色，创造对人的体验感有所影响的公共艺术设计，需要设计者亲自体验和踏勘，这项工作不仅是设计开端的依据，而且应该一直贯穿设计的全过程，并随时检

图 5-7　1.78 马德里，珍妮特 · 艾克曼。

图 5-8　捕梦网，珍妮特 · 艾克曼。

图 5-11　温哥华人的结构，乔纳森 · 博罗夫斯基，2014 年

图 5-9　喷泉，高 2 米，贝特朗 · 拉维叶。

图 5-10　妙境，堀内纪子。

验设计的成效是否符合预期。而对于那些自然条件等信息，可查阅相关资料或亲自去现场体验，由于自然条件会在不同的时间有明显的差异，如阳光与阴影的时间变化、风力与风向的改变、晴雨的切换等，因此自然条件的现场体验需要多个时间点采样，以了解场地里相对全面的自然信息。而对于与人相关的信息，除实地观察和数据文献查阅之外，采访与询问是了解人和群体需求最为快捷有效的方法。须注意的是采访和记录的对象应能反映当地人员构成并具有代表性，而且因为处在基地了解和信息搜集的调研时期，所有的方式都应保证客观性，询问与采访时不要带有设计师本人先入为主的引导性，而是以记录使用者的主动叙述为主。

在客观调查和研究之后，接下来便是信息的提取和分析处理，这里逐渐开始有主观因素的介入。因公共艺术有解决社会问题和优化生活环境的功用，信息分析的目的是挖掘其中的机遇，找出其中的矛盾，并致力于能启迪针对性的利用和解决方案。

5.1.3 经济条件

无论是哪种形式的公共艺术，都需要某个个人或团体提供支持的资金，让作品可以从理念变为现实。在公共艺术设计前期，经济条件是一个现实和无可避免的因素。经济条件的丰俭会直接影响公共艺术的成

图 5-12　红方体，野口勇。

图 5-13　观天的雕塑，野口勇。

果。无论是从提高资金利用率的角度，还是从节约能源和提高资源利用率的角度，比较恰当的方式是以相对经济的方式创作公共艺术作品，尤其是采用既经济，又能够有效达到设计理想和效果的方法尤其值得肯定。具体而言，艺术形式，以及材料和施工工艺的选择会对作品的造价产生直接的影响。美国当代雕塑家野口勇曾经说过：“（艺术创作）科学的方法往往是花费精力和财力不多的方法，便宜的和快捷的方法往往会使雕塑摆脱矫揉造作。”通过观察他的《红方体》（Red Cube）（图 5-12）和《观天的雕塑》（Skyviewing Sculpture）（图 5-13）两件公共艺术作品我们可以发现，越是简洁准确的设计处理方式，越能体现艺术家对设计的思考，越能将表达的信息传递给参观和使用者。

在艺术造型方面，体积或表面积越小的，所用的材料和支撑结构越少，作品造价就越低；越简便易得的形状，越为直线的形状，越没有凹凸和错落的形状，作品造价就越低；越依靠重力直接落地，而无特殊结构支撑锚固和悬挂的，作品的造价就越低。

材料的价格也对公共艺术作品的造价有很大影响，除可以通过直接减少材料的用量来降低造价之外，人工材料如混凝土、高分子材料等普遍比天然材料，比石材、木材等便宜，而根据产地距离的远近程度，距离较远的材料需要可观的运输费用，因此选择本地材料或人工材料的现场制备可以有效降低作品造价。科技的发展带来了产品的进步，也带来了材料的进步，混凝土材料目前已经有各种方式可以模仿金属、石材的肌理和色彩，性能上甚至比所模仿的材料更为优良，最为可贵的是混凝土的骨料可以直接使用粉碎的建筑垃圾等，可使废物利用并达到经济环保的效果。

人工和机械费用近几年来显著升高，因此施工工艺的选择也会为公共艺术作品的经济性带来影响。总体而言，装配式的施工方式比现场制作的方式便宜，小尺寸的材料安装比大尺度的材料安装便宜，此外装配式和小尺寸的材料安装还有利于作品拆除后的运输与回收再利用，这体现了长远的经济和环保的考量。

在公共艺术创作前期阶段，如遇经济条件不佳时，可有以下两种处理方法，首先是立体变平面，即将雕塑和装置转换为绘画和铺贴的形式，其次是群体连片变为“点睛之笔”，即将大面铺开的公共艺术作品转变为在重点区域以点式安排，不仅可以有效节约造价，更可以使公共空间的主次关系更加醒目，令公共艺术与公共空间的互动关系更为紧密，可谓“把钱花在刀刃上”。

5.2 前期——思考、创意、定位、理念（与其他配合的整体环境设计）

“艺术来源于生活并高于生活”这句话揭示了艺术是客观与主观的结合，任何一者都不能偏废，公共艺术也不例外。诚然公共艺术须植根当地，为公众服务，但它们毕竟是艺术作品，需要提供给公众审美的源泉，而非单纯的公共基础设施，因此在尊重客观事实和需求的同时，设计者需捕捉灵感，展现主观的设计理念，创作独一无二的作品。

5.2.1 艺术家自身的空间思考与审美特色

公共艺术是位于公共空间中的艺术，是需要人们亲自体验的艺术，因此是关注空间和通过空间语言表现设计理念的艺术，同时也是关于优化公共生活环境的艺术。

5.2.1.1 占领空间的空间观

即了解空间、把握空间、占领空间，让空间能动起来、转起来。一个好的舞者在舞台上表演，当大幕拉开时，此刻他并不是以一个渺小的“人”的形象出现在舞台上，而是舞台的主人。他无论舞得壮怀激烈，还是行云流水，他通过对舞台的认知，根据自己的专业态度、情感抒发，运用丰富肢体语言和舞台运动，能够充分把握、占领和利用舞台，让舞台为其舞蹈服务，并抓住观众的眼球，使得舞蹈具有充分的“舞台张力”。而对于公共艺术来说，公共空间就是舞台，公众就是观众，我们所要做的就是在有一定维度和尺度的空间中，尽可能地利用和占领空间，把空间的方向感、延伸感、穿透感、流动感表达出来，创作出富有张力的作品，并且提供给公众审美的源泉，让公共艺术作品成为公共空间的主人。

澳大利亚的雕塑家罗恩·罗伯逊·斯旺（Ron Robertson Swann）在 1980 年创作的《黄色危急》（Yellow Peril）（后更名为《穹隆》（Vault））（图 5–14、图 5–15）是墨尔本当年最具争议的公共艺术作品。作品用在空间中自由交错的黄色金属板组成，公众认为该作品过于抽象，并与当时作品所在的墨尔本城市广场的气氛格格不入。但它仍旧是优秀的公共艺术作品。首先高逾六米，宽约十米的尺度，以及板材搭接后形成的“穹隆”和若干“门洞”，为公众提供了遮阳挡雨和巡游穿梭的空间；其次，板材的搭接看似随机，实则独具匠心，不仅每个面和线都具有不同方向上的引导干，并且作品在每个方向上观察，都具有完全不同的轮廓线、空间层次和明暗关系，因此作品完全没有视觉“死角”，作品从各个方向通过占领空间，借此吸引人围绕着它和接近并穿过它欣赏艺术，难怪它能作为空间中的核心节点置于墨尔本城市广场的中央。占领空间的空间观既是展现设计师专业自信和积极提供公众审美的需要，也是接纳并提升多元公共生活水平的公共空间的需要。

5.2.1.2 将公共艺术及周边环境和条件视为整体环境设计

公共艺术作为公共空间的重要组成部分，与建筑、景观、室内设计，以及环境设计等相关设计门类一道，共同服务公众，营造公众生活空间。相得益彰的公共空间元素不仅归纳了空间的布局，更明确了公共空间的艺术特色，进而以整体形象获取公众的公共空间认知。例如在人们印象之中，公园的形象是由花草树木、池塘溪流、亭台楼阁所组成的悠闲舒缓的空间组合，因此在公园之中的公共艺术也应顺应和烘托这种空间气氛，要么为人们提供遮风避雨的功能和游览穿梭的体验，要么与周边元素相互配合，在水中、在树影中展现婆娑身影。相反，不和谐的公共空间元素在互相牵连和伤害对方的同时，也会使得整体环境变得凌乱而缺乏章法。即使是运用对比的手法，主次关系和彼此的呼应也会使得空间设计富有逻辑。试想在车水马龙的商业广场之中放置了一个充满童趣的公共艺术，不仅在功能上的服务对象具有显著的局限性，而且在视觉上也会和周围

图 5-14 黄色危急(后更名为《穹隆》)(1),罗恩·罗伯逊·斯旺。

图 5-15 黄色危急(后更名为《穹隆》)(2),罗恩·罗伯逊·斯旺。

图 5-16 美国华盛顿的越战纪念碑(1),林璎,1982 年。

图 5-17 美国华盛顿的越战纪念碑(2),林璎,1982 年。

的环境格格不入。由此看来，全局性的视角在空间设计中显得尤为重要：想要收获可识别性强又富有空间逻辑的公共空间，须从全局整体统筹入手，将公共空间视作整体环境进行设计，将包含公共艺术在内的所有公共空间元素视作整体环境的一部分，将公共艺术及其周边环境和条件视为不可分割的整体，这样也可将最大化地发挥公共艺术对整体环境的点睛作用。

这里不妨研究一下美国华盛顿的越战纪念碑（图 5-16、图 5-17），在林璎这个 1982 年的作品之前，纪念碑大多呈现英雄人物或时间居高临下，接受民众仰望的姿态，林璎创造性地使用与人同高的亲近尺度塑造纪念碑，并使用抛光的黑色花岗岩展现周边与参观者的映像，在其上镌刻为国捐躯的军人名字，以此缅怀先烈，与故人互诉衷肠。但值得注意的是，越战纪念碑所采用的“地面上的伤疤”的基本理念和平坦舒展的坡道造型与其所在的 170 米长、110 米宽的广阔草坪相适应，同时针对地面上的“手术”可以在为公众提供特殊的缓降体验的同时保持华盛顿广场其他建成物所组成的空间格局，而“伤疤”的两个方向正好指向其东侧的华盛顿纪念碑和西侧的林肯纪念堂，使得纪念碑同时成为链接流线与视觉的桥梁。越战纪念碑特殊的造型和对于华盛顿广场的空间节点的作用，使得它可被视作公共艺术的典范，其对于空间和公众行为的成功掌控的原因，就在于它与基地内外条件的配合和协调，以及将自身视作整体环境一部分的全局观。

5.2.1.3 个性审美的发挥和展示

艺术之所以能提供给公众审美的体验，是通过艺术家创意与对事物的主观理解与表现，通过调动五官

图 5-18　西奥托的鹿（1），特里 · 艾伦。

图 5-19　西奥托的鹿（2），特里 · 艾伦。

图 5-20　西奥托的鹿（3），特里 · 艾伦。

图 5-21　旋梯，米歇尔 · 德 · 布罗。

图 5-22　奇境，乔玛 · 帕兰萨，2008 年，加拿大卡尔加里。

感觉对人产生各种刺激，以此满足人们的精神文化需求。作为艺术的一个重要分支，公共艺术也不例外。公共艺术创作，不仅是艺术家对艺术修养的自检与锻炼，也是艺术家与公众和城市对话与自我展现的过程，因此与基础设施的设计建造不同，艺术家的个性审美和主观理念应该通过设计予以充分的发挥和展示，并致力于获得公众的感知和共鸣。此外城市空间的功能就在于能以积极向上的城市公共生活方式引领人们，公共艺术既然可以成为公共空间的节点和催化剂，就需要通过形象与意蕴的展示吸引并留住公众，让公众“过来”和“留下来”。因此，艺术家在客观的调查研究并予以归纳熟知之后，需要打开自己的原创性思路，勇于挑战常规制式，创造具有视觉张力、吸引人的公共艺术作品，所以对艺术家而言，城市空间就好似公共艺术自由发挥的舞台。正因如此，擅长具象雕塑的美国雕塑家特里 · 艾伦（Terry Allen）在美国哥伦布市内不同的地方放置了三尊《西奥托的鹿》（Scioto Deer）（图 5-18 ~ 图 5-20），拟人化的鹿的雕塑公共艺术，一尊斜躺在草坪上小睡，一尊坐在公园台阶上休息，一尊倚在桥的栏杆上远眺；与此同时，致力于调侃和戏谑空间元素的加拿大艺术家米歇尔 · 德 · 布罗（Michel de Broi）在蒙特利尔的公共艺术作品《旋梯》（R é volutions）（图 5-21）是将常见的楼梯弯曲缠绕成无限循环的团状，创造了丰富的空间趣味；而擅长用新技术手法刻画人与社会的西班牙艺术家乔玛 · 帕兰萨（Jaume Plensa）2008 年位于加拿大卡尔加里的公共艺术作品《奇境》（Wonderland）（图 5-22）则是用钢网塑造巨型头像表壳，内部中空，而人们可以通过位于颈部的两个门洞进入其内部，观察被钢网覆盖的城市视角。它们都是展现艺术家个性思考，能被公众认知的优秀的公共艺术作品。

5.2.2 设计的创意

艺术是以精神功能为主，物质功能为辅的范畴，这赋予了艺术表现与创作的广阔空间。公共艺术纵然有具备实际功能的潜力，但毕竟是艺术的一类，其功能主要还是集中在审美和精神方面，并以此影响人们的城市公共生活。因此，无论是从吸引公众的角度，还是从艺术个性的展示角度，公共艺术都需要创意的加持。新颖与多元的创意为公共艺术的发挥带来了无限的可能。以下是众多创意中比较有代表性的几个方向。

5.2.2.1 引领感和时代感

作为从无到有的城市精神“堡垒”，“新”往往是公众对公共艺术的共同期待，这也体现了艺术高于生活的基本属性。同时，公共艺术新的面貌与内涵如果可以被公众接受，其向心的作用并非只是公共艺术本身的成功，更可使它们成为更大范围的社区乃至城市社会文明发展的催化剂。美籍印度裔雕塑家阿尼什·卡普尔的《云门》（图 5–23）以抛光的有机双曲面不锈钢板反映城市景观，开创了以人为变形的视角观察城市和生活环境的艺术新趋向。而这座 2004 年建成的公共艺术作品使用了当时最为精湛的不锈钢焊接技术，作品光滑无暇，代表了时代的技术新高度，同时金属所带来的洗练和精艺又使得作品具有当代艺术所具有的高技审美。具体而言，公共艺术可围绕思考、物质、技术三方面展开探索，获得突破，进而成为引领时代步履的精神先驱。

5.2.2.2 互动式

上文提到的关于思考的探索方向之一就是互动式的公共艺术，这也直接体现了鼓励公众参与体验与以人为本的设计姿态。这其中之一就是与人的相关活动互动。美国科罗拉多州雕塑家劳伦斯·阿金特（Lawrence Argent）创作的，高达 40 英尺的公共艺术作品《我了解你的意思》（I See What You Mean）（图 5–24、图 5–25）位于丹佛会议中心入口广场的一侧。为彰显科罗拉多的特色自然文化风貌，作品的造型是一只倚靠玻璃幕墙向内张望的蓝色熊，当接近会议中心的时候，人们对空间内部本能的好奇心与蓝色熊向内张望的行为不谋而合，而当身在会议中心后，蓝色熊的正面展现在大厅内部，此时人们会发现自己已成为熊的张望观察对象，这一“看与被看”的角色转换令进入会议中心的过程妙趣横生，而艺术家就以这样的方式使作品与建筑内外的公众之间产生互动。

互动式公共艺术的第二个趋势就是接纳并鼓励公众通过对公共艺术形态的重塑再造进行二次创作，这不仅可以在更大程度上激励公众的参与，更可通过公众参与的多元性和自发性为作品创造更多意想不到的可能性。美国建筑师埃里克·豪勒（Eric Howeler）与米金·尹（Meejin Yoon）与 2015 年在波士顿罗斯·肯尼迪绿道之中的公共艺术装置《摇曳时光》（Swing Time）（图 5–26）就是这样一个例子。他们在公园中设置了一系列的金属钢架，其上悬挂了十数个圆环状的秋千，白天人们在其中小憩或游戏，成为公园中灵动的艺术元素，晚上置入秋千内部的 LED 灯逐渐点亮，一个一个天蓝色的秋千在城市的夜景中摇曳，好似微风拂过的树叶，又好像深邃闪烁的星空，人们在享受作品带来的体验趣味的同时，也帮助达到了作品的成果预期，这种预期不是建成后剪彩时作品的样貌，而是人与作品的持续互动所带来的动态的反馈。

5.2.2.3 新材料与新技术应用

公共艺术在物质和技术方面的求新求变，也会对设计的创意感和时代感带来如虎添翼的效果，由于材料与技术优化进步的方向很多元，有些进步还可有效改善设计语言、创造全新体验、降低项目造价，

图 5-23　云门，阿尼什·卡普尔。

图 5-24　我了解你的意思（1），劳伦斯·阿金特。

图 5-25　我了解你的意思（2），劳伦斯·阿金特。

图 5-26　摇曳时光，埃里克·豪勒与米金·尹。

图5-27　沙丘（1），迪恩·鲁塞加德。

图 5-28　沙丘（2），迪恩·鲁塞加德。

因此新材料和新技术的应用，向来都是公共艺术设计师们孜孜不倦的追求。荷兰艺术家迪恩·鲁塞加德（DaanRoosegaarde）于 2011 年在鹿特丹的一条人行地下通道内放置了他的公共艺术作品《沙丘》（DUNE）（图 5-27、图 5-28），其做法是在地面上锚固数丛柔性细金属杆，每根金属杆上端都有一个可以感知附近物体活动的 LED 灯，艺术家就是运用这样的简单构件，模拟自然界中的荒草和其间闪烁的萤火虫，并以生态与感性的视角，将其介入幽深压抑的人工空间之中。每棵“草”上的感应器会感知人靠近的距离，从而控制“萤火虫”次第点亮和熄灭，因此当人们经过这件公共艺术作品的时候，光亮会跟随人们的步伐一路前行，照亮经过的路径。而在触摸这些“草”的时候，LED 等甚至还可以闪烁。设计者通过新技术的运用，成就了作品与人的行为的完美互动，不仅在功能上起到了照明的作用，更在心理上让人们多了一分惊喜和慰藉，这也是这件作品能够在世界各地的各个公共空间中遍地开花的原因。

5.2.3 定位与理念的形成

在经历客观仔细的调研分析，以及主观审慎的艺术思考后，公共艺术作品的定位和理念即将形成，这也是接下来公共艺术的设计工作正式开展的先决条件。艺术来源于生活并高于生活，公共艺术更是应服务公众并且带给人们美的享受，因此公共艺术定位与理念形成的过程，是客观与主观的结合过程，也是个性与担当的结合过程，这需要艺术家磨炼思想、谦恭务实，反复思考“我想要做什么”和“这里需要什么”，进而从大局上为作品及其周遭环境定调。而由于公共艺术是被公众所用的公共艺术品，其定位与理念形成的目标是：在精神上呼应和宣扬本地精神，在物质上优化生存环境，以获得人们对公共艺术身心一致的呼应。

图 5-29 水桶中的波涛，非科特 · 埃菲西涅西亚。

墨西哥的非科特 · 埃菲西涅西亚（Factor Eficiencia）建筑事务所在墨西哥城的一个十字路口设计了名为《水桶中的波涛》（Wave of Buckets）（图 5-29）的临时公共艺术装置，作品以数千个白色水桶组成了一个巨型的海浪。在墨西哥警察疏于管理的地区，人们多使用水桶将公共空间据为己有，变为自家的停车位。作者借用这种现象并将其发展为“公众占领公共空间”，于是将白色水桶放置于这个车水马龙的十字路口一侧。同时为了增加空间的趣味性，水桶由钢丝绳串联并卷曲成类似海浪的造型，人们在其上攀爬穿梭，仿佛在大海中劈波斩浪，同时这些水桶也可以从“巨浪中”拆解下来，变为一个一个可以休息的坐凳。收紧的钢丝绳会逐渐放松，“巨浪”也逐渐归于“平静”，同时被公众使用后水桶会逐渐减少，最终作品在三天后逐渐消失。作者首先对基地的尺寸条件和公共空间公众的需要完全了解，同时呼应当地人们的行为与文化，并使公共概念与之融合和变体，通过自身对空间的理解和语言的表达，造就了短暂掀起公共空间高潮的公共艺术作品，体现了实事求是与起舞飞扬结合的公共艺术定位与理念形成的过程。

5.2.4 尺度

尺度的定义与人直接相关，谈及的是空间及作品尺寸与人的比例关系。在研究空间设计与空间创作时，尺度是其中的重要议题，这是因为一方面尺度是实际功能予以发挥的根本基础，不合理的尺度会与其功能产生矛盾，使得功能无法实现；另一方面尺度的不同会直接影响人们观察的视角（平视、仰视、俯视），进而影响人们对空间和作品的心理认知和情感反馈，这对于作品的叙事表达和艺术效果来说尤为重要。由于空间大致具有上、下、左、右、前、后六个界面，空间的尺度大体来看就是以人为尺，通过调节长、宽、高及与人的比例关系，来干预心理感受，塑造空间特质。例如，开敞的空间是长、宽、高都具有较大数值，压抑是长和宽较为舒展，而高度与人相近，狭窄是空间长度较为舒展而宽度与人相近，高耸则是长和宽都与人相近，但高度值较大……对于公共艺术而言，由于主要的目的是提供公众的审美，因此其在公共空间中的叙事在很大程度上，是通过具有不同特质的空间所构成的，尺度在其中是关键因素。

那么公共艺术在设计时，作品的尺度如何确定呢？是张牙舞爪的庞然大物，还是内秀隽永的小家碧玉？这里大致有三个出发点，分别是对条件的尊重与反馈，与功能相适应，以及出于自身艺术的理解，这再一次体现了公共艺术客观与主观的结合。法国雕塑家路易斯 · 布尔乔亚（Louise Bourgeois）的作品《蜘蛛》（图 5-30）可谓家喻户晓，巨型的蜘蛛好似穹隆倒扣在公共空间之中，公众通过仰视和被包裹两种感官，以渺小的视角体会作品的意趣。作者想要营造的“凌空感”“覆盖感”使得作品拥有了六米以上的高度；而作者欲通过“蜘蛛”营造公共空间中“亭”的意趣，因此作品拥有了十米左右的直径。此高度和阔度均与人相比相去甚远，因此作品具有了震撼人心的空间张力。而反观加泰罗尼亚雕塑家泽维尔 · 科尔贝罗（Xavier Corbero）于 1992 年在黎巴嫩贝鲁特的公共艺术作品《通往罗马竞技场的长廊》（A Promenade Toward

图 5-30　蜘蛛，路易斯 · 布尔乔亚。

图 5-31　通往罗马竞技场的长廊，泽维尔 · 科尔贝罗。

the Roman Hippodrome）（图 5-31）则用粗糙的玄武岩描绘了十五个斗士从贝鲁特的贝布伊德里斯向罗马竞技场进发的历程。作品位于贝鲁特的一个路口的一角、商店街的入口便道之上。基地较为狭窄，且需要为行人及附近餐厅的室外桌椅留出空间，因此作品没有占用太多的场地，而是以点式的方式布置。同时为建立起与公众之间平等的对话，创造今昔对话、感同身受的氛围，作者运用粗糙的玄武岩堆叠的方式抽象地塑造形象，每尊雕塑几乎与人同高。人们在其中穿梭、驻足，在作品所限定的空间中品茗咖啡，在这充满历史信息的场景和触手可及的公共空间之中，感受亲切尺度带来的温度。

图5-32　小马驹，恩里克·卡尔巴哈尔。

5.2.5 功能的置入（可有功能，这是公共艺术的特性之一）

纵然公共艺术的主要目的是丰富公众的精神生活，但不可忽视的是，由于公共艺术位于公共环境中，很大程度上还是公共空间的缔造者和催化剂，因此公共艺术的一大特性就是可以具有实际的功能，即公共艺术作品可以在物质与精神两方面同时发挥作用。公共艺术不仅是艺术作品，还可以同时是建筑、景观元素、基础设施等。这就更加需要在设计前就对基地内外的条件和城市与公众的需求了如指掌，用艺术的语言塑造带有功能的元素设计，抑或是将其他功能置于作品之中。

墨西哥雕塑家曼努埃尔 · 托尔萨（Manuel Tolsá）于 19 世纪塑造的西班牙查尔斯四世的骑马雕像，在 20 世纪末期从墨西哥城的改革大道被移至墨西哥国家艺术博物馆的入口广场，而原先的位置被替换成了另一位墨西哥雕塑家恩里克 · 卡尔巴哈尔（Enrique Carbajal）的公共艺术作品《小马驹》（El Caballito）（图 5-32），这件作品的原型还是一匹骏马，但运用了在空间中交错的亮黄色金属板组合抽象而成，在改革大道的楼宇与车辆中颇为显眼，也暗示了这里曾经的历史文化过往。除了是一件艺术作品之外，它还是城市下水管道蒸汽的通风口，作者将原本位于地面的令人不快的风口移至到了这件 28 米高的公共艺术作品的顶端，功能的正常运转丝毫不会影响作品本身的观瞻，实可谓一举两得。

5.2.6 公共艺术形式的选择

与艺术相同，公共艺术的形式多样，无论是雕塑、装置，还是墙绘、涂鸦，无论是公众喜闻乐见的，

图 5-33　液体碎片（1），帕特里克 · 西恩。

图 5-34　液体碎片（2），帕特里克 · 西恩。

还是能收获心灵震撼的，都有潜力成为优秀的公共艺术作品。公共艺术形式的选择与尺度相近，也是根据客观的既有物理和社会条件，结合艺术家主观的艺术特色和审美趋向斟酌决定。对于公共艺术而言，没有对与错的形式，只有合理与否的形式，在这方面还要寄希望于艺术家展开艺术的创新，引领公共艺术新的形式语言。

佩兴广场（Pershing Square）是洛杉矶市中心最重要的城市广场，是人们休憩交流、体验城市生活的重要公共空间。美国艺术家帕特里克 · 西恩（Patrick Shearn）于 2016 年将他的巨型临时公共艺术作品《液体碎片》（Liquid Shard）（图 5-33、图 5-34）带到这里，也成为迄今为止洛杉矶最令人留恋的公共艺术。这件作品并非雕塑，也非安放的装置，而是在天空中飘扬的无数的全息薄膜条，固定在佩兴广场的钟楼和附近建筑上的尼龙单丝线组成了柔软的空间网架，这些“纸条”就被拴在它的上面。当微风拂过，“纸条”组成的曲面随风的力量，在距离地面 4 米到 35 米的空间内上下起伏，时卷时疏，由于作品拥有 1400 平方米的巨型尺度，波动的曲面给人铺天盖地、遮天蔽日之感。这件作品通过视觉物化了无形的风，还将无限的遐想带给公众和城市：有机的形式既好似嬉戏的鸟群，又好似洄游的鱼群，既犹如汹涌的海面，又仿佛婆娑的树影。很难定义这件作品的类型，但无可否认的是，它新颖的形式、独到的手法，以及与人心灵的对话，是公共艺术应有但却从未有过的样子。

5.2.7 材料和施工工艺的选择

公共艺术设计的最终目标是在公共空间中建成并发挥应有的作用，因此在思考和理念上获得进展后，还需要致力于将其变为现实。众所周知，一切的物体都是由某种材料制成和组成的，所以材料和施工工艺的选择就成了作品能否落地的关键。这里我们可以从三方面来理解。

首先，合理的材料和施工工艺将保证作品的安全。公共艺术的公众安全底线是结构可靠牢固，不会对公众产生威胁。例如，基于这样的考虑，艺术家就不会在海边使用木材来制作公共艺术，因为很多木材防潮防腐和耐盐碱的能力较差。再如美国艺术家南希 · 鲁宾斯（Nancy Rubins）位于洛杉矶当代艺术馆入口的巨型公共艺术作品《飞机零件》（Airplane Parts）（图 5-35）是由大量的飞机废料组合而成，造型下小上大，作者故意营造危险的倾覆感，但为保证公众安全和结构稳定，除各组成部分间使用铆钉锚固之外，作者在若干关键部位还是用拉索加以巩固。

其次，合理的材料和施工工艺与设计理念珠联璧合。英国的 Softroom 建筑设计团队在英国郊外的森林

图 5-35　飞机零件，南希 · 鲁宾斯。

图5-36　基尔得·贝尔维德宫（1），Softroom 建筑设计团队。

图 5-37　基尔得 · 贝尔维德宫（2），Softroom 建筑设计团队。

和溪流围绕的环境里设计的三角形的公共装置作品《基尔得 · 贝尔维德宫》（Kielder Belvedere）（图 5-36、图 5-37）是其在空间中消失和以特殊视角观察环境等设计理念的实践作品，因此，一方面设计者在三角形的两个面使用镜面不锈钢，使其反映出的丛林的倒影与周围的自然环境融为一体，使作品隐身；而另一方面，与其他两面不同，作品正对溪流的一边是双曲面的不锈钢板，因此自然景色在这个面上的反射出现了显著的形变，仿佛空间被压缩一般，同时作品内部的天花板则使用了橘红色的亚克力板，正对的墙面上是一条具有 120° 广角的水平弧形长窗，步入其中人们可以橘红色为基本调，观察溪流和森林相映成趣的自然长卷。

第三，合理的材料和施工工艺可以有效降低造价。由于许多的公共艺术作品须经由政府或相关机构协会资助的方式得以实施，部分作品甚至需要艺术家自筹资金建成，因此选择相对经济性合理的材料与施工工艺有利于作品的实施。

由上，材料与施工工艺的选择与设计语言和手法的精道殊途同归，即将所有运用的元素转化成公共艺术作品的语言，使作品的各个部分皆为必要，既应避免妥协，即为满足某方面的要求而失去整体性价值，又应避免冗余和矫饰。这需要作品在材料和施工工艺的选择上注意以下几点：（1）材料和施工工艺与理念和主题相适应，避免过度装饰；（2）材料和施工工艺与客观环境相适应，使作品历久弥新；（3）材料的语言性、可用性和经济性相互平衡，即利用材料本身所带来的功能与心理方面的优势来塑造作品，同时通过减少材料用量，多运用比较经济的材料，避免异地材料因长距离运输来减少浪费；（4）注重施工工艺的可靠性和效率，尽可能减少人工和工期投入，并确保作品稳固安全。作为公共艺术设计师而言，最为聪明的办法是恰巧运用经济的材料和有效的施工工艺，来完美达到作品预期的艺术效果，这种契合来之不易，但值得探索。前文提到的《液体碎片》就达到了这样的契合，全息薄膜条和尼龙单丝线都是相对经济的材料，其中的全息薄膜条因被镭射处理，在阳光下会显出夺目的光泽，远观还有“疑是银河落九天”之感，而尼龙单丝线有一定的弹性，这也使得作品能在微风中上下起伏形成动态。这件作品从整体而言，创新的理念、创新的材料，没有任何的妥协，也收获了众人的眼前一亮。

在实践中需要注意的是，材料与施工工艺是相互统一的整体，任何一种材料都有适合的施工工艺，它们不仅影响到作品的面貌，而且影响作品的制作周期和资源利用，二者的配合关系应该在设计前予以掌握。例如，混凝土是依靠在模板中的液体材料经过水化反应硬化之后的材料，因此具有粗粝的外表，同时因为水化反应是渐进的过程，混凝土在完全凝固前需要数周的水分养护时间，因此除非巨型尺度的作品，一般的公共艺术作品需要在厂家制作并养护完毕后，直接运输到场地内进行安装。而混凝土材料因为抗压能力强但不抗弯折，为保证材料和结构的稳定，需要在其中加入螺纹钢筋加强，因此在混凝土浇筑前应对作品的结构网架做出设计。又如石材经过切割和表面处理后安装即可成为成品，因此较为适合在厂家做好取材切割以及表面处理，而后运输至现场进行装配完成。但因为石材是非可再生材料，而且重量较大，因此如非必要，大型的公共艺术作品不建议使用实心石材，而应将薄石板直接干挂在结构龙骨之上，所以石材作品的结构和悬挂石材的龙骨是在设计时需要考虑的议题。除此之外，诸如金属和木材等容易在自然环境中被腐蚀的材料应该在施工工艺的选择上注意排水和通风的处理。

5.3 前期——制定计划

如公共艺术是在政府和相关机构的资助下实施的话，这些机构会要求设计师在思考雏形初见端倪的时候提出计划，以确保此作品的实施过程可控，并达到时间与经费的预期。这一方面对于设计师的设计过程来说同样重要，良好的计划有助于进行有条不紊的设计，从而避免顾此失彼，保证作品的完成度，尤其是当设计较为复杂，或是团队合作的时候。具体而言，前期制定的计划大致有设计计划、施工计划和竣工后维护与修缮的安排。

其中的设计计划是一份控制设计阶段的计划，包含本阶段的各个节点，甚至可以细化到每日的工作安排，直至完全完成所有设计任务。需要注意的是，设计阶段充满了不确定性，因此这应是一份相对动态的计划，这份计划在初期制定时应为实施时的突发和不可预见的情形预留出空间，既保证进展，又允许过程中的修订。此外，如果是团队合作，应该在制定计划前提前商议，统筹各方时间，减少时间冲突和等待窝工的几率。同时要做好向政府和机构提交计划得到反馈后及时修改的准备。

而施工计划是从设计阶段完成后到作品安装完成前的计划，与设计阶段计划相仿的是，它仍然需要成为一份动态的计划，而不同的是，因为设计师本身可能并不具备完备的施工经验，本阶段的计划须参考施工方的建议，双方商议制定，在此过程中还可能与施工方就材料和施工工艺的可行性展开探讨。由于公共艺术作品的制作安装，有现场制作安装和厂家制作现场安装两种操作方式，因此施工计划应充分考虑这两种不同方式带来的运输、人工、机械等方面的统筹差异，同时施工计划也与作品的材料和施工工艺密切相关。例如如果是金属艺术作品，比较适合使用厂家制作现场安装的方式，由于金属从液态固化的时间较短，但焊接需要一定的时间，因此在制定施工计划时要为材料的细化处理留足时间。混凝土材料由于需要数周的水分养护，而不同表面处理的方式需要在不同的时间节点进行，如凿钻工艺需要在完全凝固后进行，而刷刻工艺则需要在初凝之后终凝之前进行，因此混凝土作品的施工周期相对较长，不仅要为养护留出足够的时间，也要在此过程中统筹其他工序，以提高施工效率。

5.4 中期——设计推进、深入、调整

在设计雏形已定之后，公共艺术设计将逐渐从理念向实际落成过渡，切实推进设计，提升作品的完成度和可操作性就成了这一阶段的重要任务。同时，在获得审批方或建设方审批通过的阶段性成果后，往往会有诸多需要修改的意见和建议，如何在贯彻设计理念的同时对这些意见和建议予以反馈，需要设计师充满智慧的思考和实践。在设计的过程中，还可能会因为某些条件不满足或解决之道未成熟而导致设计陷入瓶颈，这

时也需要有效的办法能够化解问题，突破瓶颈，使设计尽可能顺利向前推进。在现实中很多设计往往到达雏形后就踟蹰不前，能够成为精品的设计相对凤毛麟角，因此经过本阶段对设计的推进、深入和调整之后，无论是在理念逻辑上，还是对现实条件的响应，抑或是设计的可行性，都将会使得公共艺术设计尽速走向成熟，脱颖而出。

5.4.1 推进与深入

前文提到，为使公共艺术作品既具有明确的理念逻辑，又能够与公众建立有效的对话，公共艺术作品应当注意语言的一致性，即利用全局的眼光将作品的所有元素当作整体的一部分，这一点在设计深入阶段仍须执行。所谓设计深入，实际并非一个与设计实践不同的阶段，而是设计的继续和延伸，即初步设计阶段是对大形和全局的设计，设计深入阶段是对作品更加细节的部分展开更为细致的设计而已，因此设计的深入不宜另起炉灶，应在保证设计整体性的前提下对设计进行雕琢。就好像素描头像一样，在确定完“三庭五眼”之后，便开始了五官的深入刻画，但须杜绝只在一个五官上集中着力，应以整个头像作为对象，各个五官一同深入，保证面容的整体性。将设计视作整体的设计深入，其目的是提高设计的完成度，因此这一阶段可归于“细节论成败”。

5.4.2 调整

公共艺术在设计过程中，会时常遇到需要调整设计的时候，这既有主观因素也有客观因素的原因，主观因素包括在设计过程中突发奇想，或者对某个对象、某种材料或工艺有新的认识，客观因素包括决策方、建设方或公众的反馈意见，或设计过程中发现的场地内外的新问题和新矛盾，抑或是在与其他专业相互配合的过程中遇到了原设计不合理之处。无论什么原因，设计调整的目的就是使设计得以优化以及提升设计的可行性。这里涉及一个问题，即建设方与决策方的调整意见与艺术家的艺术坚持之间孰轻孰重的问题。首先，因为公共艺术的自由度较强、功能性有限，设计的原创性需要被推崇，因此艺术家的理念与坚持较其他设计门类应更为突出，但这种理念和坚持，是艺术家对建设方提供以及亲自调查研究后，得到的所有信息经处理之后获得的，并非一味的主观臆想。其次，设计过程中建设方提出的调整意见应当经艺术家处理，选择其中具有建设性的做出响应，而对其中与设计初衷不合的意见，应当以作品中呈现的更好的处理方式予以化解。这其中最为聪慧和专业的做法是坚守设计主轴，保持设计的灵活性，既能够保证设计灵魂不偏离，又能够对建设方有益的意见作出优化调整。

5.5 中期——设计表现

在人工智能科技发展的历史背景下，设计这项工作有可能最终会被电脑代劳，但有一项工作电脑不会取代人，那就是如何把设计好的作品传达和推广出去，因为这不仅涉及每一位设计师独一无二的思想理念和审美趋向，还关系到设计师与不同受众群体的信息交流的有效性，由此可以看出，公共艺术的设计表现非常多元，兼具个体性和群体性的特色。而对于每一个设计师来说，成功的作品不仅本身质量好，还应“卖相”好，二者缺一不可。

5.5.1 表现的目的性和多元性

艺术家和设计师的本职工作就是通过作品与公众建立对话，而在最终成果建成之前，他们会通过图纸、动画、模型等来模拟最终成果，与公众交流，将信息传达。此外，无论是感同身受的空间感，还是精确计算的尺寸，都需要一定的看得见摸得着的成果予以阐释。更何况，在向公众、审批方、建设方等提交设计的时候，面对面的交流可能无法达成，很有可能只有通过文本图册、实体模型、效果图纸等与其沟通。因此，与惯常的交流方式不同，艺术家与设计师的第一语言是视觉和体验的语言。在公共艺术中期设计阶段，通过非口头的方式将设计理念、设计步骤、设计成果阐释清楚，获得对方的首肯，是设计师面临的重要任务。设计师应当想方设法研究设计的表现方法，以促进设计与公众与对象的交流，这也正是设计表现的目的所在。与此同时，具体的表现方式不仅受艺术家个性审美和设计理念的左右，还与交流对象的主观认识有关，因此表现方法非常丰富多元。由于公共艺术不仅具有惯常艺术“可赏”的特点，更有亲身体验的利用的特质，因此对公共艺术设计的表现主要集中在视觉和体验两个方面。

5.5.2 视觉传达

在信息传递和交流的众多方式中，唯有视觉传达最为直接和有效，并且富于变化，而出于同样的目的，设计表现的一个重点就是视觉传达。之所以是重点，可以从两方面来理解，首先优秀的视觉传达可以在第一时间吸引公众与对方的视线，对设计充满愿意继续探求和赞同的期待。具有配色考究、主次分明的排版文本，以及风格化处理的效果图等都属于这个范畴。其次优秀的视觉传达可以有效地描述设计的预期、已有的设计成果和内在的思考逻辑，把设计方案讲清楚，把已经完成的工作一一展示。例如设计文本中的平面图、立面图、剖面图和各种分析图等都属于这一类。第三，有效的视觉传达可以提高传递的效率，使对象可以在较短的时间接收到设计所要传达的信息，因此视觉传达的成果应该信息清晰明了，保证易读性，不宜将过多的信息在一处罗列堆砌。例如设计的每一张分析图应该只阐释清楚一个问题，不同议题的信息应该分列在不同的图纸中予以阐释，在排版中也应当注意各图纸间的逻辑联系，相关的图纸可位于同一页或同一区块，不同议题的图纸可在排版中有意拉开距离。公共艺术视觉传达的最终目的是代替口头语言，因为，首先如前文所述，视觉传达的效率优于口头，其次视觉传达的时效性较长，利于对方资料存档和研议，再次相较于口头传达，视觉传达具有审美与风格的多元性，这与公共艺术的特色追求是相适应的。公共艺术视觉传达的形式也是多种多样，既有常规跃然于纸上的各类图纸，也有诸如动画视频等多媒体形式。这些形式在一方面要仰仗设计师的手头工夫，因为这是完整展现设计师设计特色的最有效方式，另一方面也会依靠现如今科技发展的成果，运用电脑软件更加高效地完成，常包含建立数字模型，绘制电子图纸等。公共艺术的设计师应致力于使自己在两个方面都要有所建树，保证理念和成果能完整地表达，不留方法上的遗憾。

5.5.3 实体与数字模型

由于公共艺术倡导健康积极的城市生活，因此它们是需要人亲自体验的艺术门类。设计师对于人需求的响应和对人尺度的把握来自于实践经验的积累，这也确保了设计来自于对人的尊重，最终服务于人的完整轮回。如前文所述，公共艺术的空间首先是人能够体验的空间，因此无论在中期的设计阶段或是表现阶段，模拟人的真实体验，是方案推进和与公众交流的最有效方式。于是，建立模型便应运而生。传统的模型是用手工或机器切割后组装到一起的实体，往往按比例呈现和模拟最终作品，有些模型为了能真实细致地研究其空间关系和雕琢细节，甚至与最终作品按 1∶1 的原大呈现，目的就是通过虚拟的模拟验证理念的效果和可行性，并且把成果让信息接收者了解清楚。而正是出于同样的目的，在科技发展的背景下，VR 技术应运而生，它能将常见的电脑屏幕上的通过二维展示三维模型的方式转变为真实虚拟的三维空间，人们通过佩戴观察设备，可以身临其境地观察设计成果，而且在时间成本上，电脑建模要明显优于手工模型。

图 5–38　以人的视角观察模型

推敲和展示模型时，应注意以下两个方面。首先，不同的空间感受，例如开敞、狭窄、高耸、压抑等都与空间元素和人的尺度的比值直接相关，因此在中期的设计表现时，空间的尺度感应该着重思考和展现，例如要创造“欲扬先抑”之感，需将位于后部的空间设计得开敞一些，明亮一些，而前部的空间相应塑造出狭窄或压抑的空间感受，将光线控制一些，色彩暗淡一些即可，用前景的“抑”衬托后景的“扬”，在模型表现的时候须着重表现这种对比关系。第二，铺陈的尺度和空间感除了空间和人之外，还需要用人眼去审视，因此公共艺术还应在设计过程中坚持以人的视角观察。例如，以鸟瞰的视角观察作品是不推荐的，它可能很有表现力，但它并不是真实的人的视角，换句话说，作品建成后，鸟瞰的场景是人们看不到的，因此对于实体模型而言，想要模仿人的真实视角，需要附身观察，或者是用手托起模型来观察，并通过移动自己位置或转动模型来模拟和体会人们在作品外部的回旋和在作品内部的穿梭（图 5–38）。至于数字的虚拟模型，使用人视点观察设计的操作更为简便，因此在设计和表现时更应该着重渲染和模拟人的真实感受。建立实体和数字模型并致力于使人身临其境的表达体现了以人为本和实事求是的设计价值观，也有助于顺利和如实地将设计理念传达给公众。

5.6 后期——安装与完成

在公共艺术作品设计和调整深化并定稿后，即将进入作品制作、安装与完成的后期工序。也正是在此期间，设计正式从虚拟变为现实，设计师也将和施工方人员一起通力合作，将作品如愿、安全、妥善地树立在合宜的公共空间之中，接受公众的检阅。

5.6.1 施工安装的准备工作

在公共艺术施工与安装之前，相关的准备工作需要就绪，作为设计师来说最主要的任务是协调各方的工作和物料的准备。首先，设计师应当与施工方交底，将图纸和所有要求向施工方说明清楚，双方对此予以讨论，并拿出切实可行的施工方案，制定施工的具体计划。前文提到，公共艺术作品的制作和安装方式分为两种，分别是现场制作、安装和工厂制作现场组装。其中现场制作和安装需要在施工开始前检查水电等施工条件是否具备，而后督促施工方将物料和机械等进场，而工厂制作现场组装的方式则应该在本阶段进入工厂监督每一个组装元素的制作。

5.6.2 现场监理，及时调整

在西方，为了保证公共艺术设计作品能够按照设计师原本的设计制作和落地，公共艺术项目多采用“设计师负责制”的方式运行，即从设计到施工制作监制的全过程，也就是被称为作品的“全寿命周期”内，项目全部由设计师来负责。这种方式目前在中国也在被越来越多地采用。这种方式需要设计师付出相对较大的时间成本，而在施工阶段需要对施工过程进行监制，监督物料的进出和施工的质量。有很多公共艺术项目的设计师只负责设计部分，施工监理则另由他人代劳，对设计师来说这样的方式虽然可以缩短项目周期，但设计师需要将自己的所有理念和设计要点与监理人员沟通，未尽沟通的事宜监理人员可能在施工过程中对设计做出主观臆测，因此如果沟通不畅，可能导致同一个作品在设计和施工阶段分别由不同的人进行主观投入，可能造成最终效果和设计师的方案有较大的出入的情况。况且施工监理的经历也可以积累一手的施工经验，这对于将来创作更具有可行性、施工更加有效的公共艺术作品大有裨益。

如在施工过程中遇到之前没有预期的条件和问题，可能会直接影响作品的造型、结构、细部做法，甚至选址需要设计师及时做出反馈和调整，这对于设计师来说是一大挑战。这就要求一方面设计师应当在各项目的实际操作中积累经验，为突发的情况尽快做出灵活有效的解决方案。第二，遇事多沟通。如果在施工过程中发现新问题，应迅速找到相关的专业人员进行商讨，征求他人的意见，再结合自己的设计理念，达到做法和想法的再平衡。第三，做出预案。在设计的过程中，针对可能出现的问题，制定若干套具体方案，以游刃有余地应付各种可能出现的状况，以“曲线救国”的方式达到自己的设计理想。

5.6.3 过程中总结成败经验

公共艺术的设计师在一个又一个成功或失败的实践中逐渐成长，这与其他门类的设计师无异。一个项目从想法到设计，再经施工变为落成的作品，其中经历了漫长而又艰辛的过程，其中的成败不仅是他人从事相关工作的参考，也是自身将来实践的前车之鉴。公共艺术项目的各个利益攸关方都会对已建成的作品展开竣工评估，其中建设方或组织方会对作品是否达到商业预期和社会影响力等进行总结评价，施工方则会对施工过程和施工结果进行技术总结和经济评估，而作为与公共艺术最为相关的设计人员，设计师不仅应对设计理念的转化、场地的运用、材料语言的表达、施工细部的做法、各专业人员配合、项目造价等方面做出全面的总结，更应对作品的公共性、社会人文效果等进行评测，为将来完成更为成功的公共艺术作品打下基础。作品从设计到完成的这段时间，设计师应该随时通过拍摄和笔记记录存档，而对于建成后的公众使用情况，应多到现场实地观察、调研和体会，以批判的眼光审视自己的作品，平时也要提醒自己随时通过学习他人的公共艺术案例丰富自己的设计和策略认知。

5.7 修缮与维护的计划（确保作品不出现安全隐患并历久弥新，强调须在设计初期就着手拟定，与材料和施工工艺的选择密切相关）

公共艺术作品除少量为临时性的作品外，大多数都是固定的常设作品，它们常被设置于公共空间的核心区域，带给人们美的享受，服务并引导城市生活，甚至成为社区乃至城市的象征。当公共艺术作品安装完成后，如何永焕光彩和经久不衰，应是设计者和管理者都应该考虑的问题。不可否认的是，许多公共艺术作品在建成后的数年内，就出现了各种问题亟待维护修缮，有些耗费了大量的资金，甚至不得不忍痛予以拆除，造成了城市资源和艺术价值的直接浪费。就好像一个产品说明书的最后会有维护保修信息一样，公共艺术的设计需要包含竣工后维护和修缮的安排，以确保作品不出现安全隐患并历久弥新。为了提高将来维护和修缮的效率，此计划须在设计初期就着手拟定，将维护与修缮纳入到设计的一部分进行斟酌。此计划与材料和施工工艺的选择密切相关，其中提高维护修缮的效率最为直接的方式就是采用需较少维护的材料和施工工艺，例如为了防止金属被锈蚀，在空心金属体量上开洞和留缝隙可保证空气的流通，减少水分的积聚，从而减少不必要的维护。而对于固有却又难以预见的自然腐蚀和人为破坏，设计者也应提前制定方案予以应对，并提供给建设方或维护人员。例如作为美国特有的文化之一，随意涂鸦是公共艺术作品的一大公害。清理涂鸦的方式有很多种，但喷砂、研磨、酸烧等方式可能会损坏作品的表面，因此设计师需要针对材料的不同选择适宜的清理方法，并事先予以试验，也可以在设计时积极应对可能的涂鸦行为，如在作品表面使用抗附着的表面处理剂，甚至将作品设计为镂空形式，即使有涂鸦也不会影响其造型语言的表达。

对于城市公共艺术管理方而言，从得到作品的时刻开始，作品维护的资金来源、具体措施、负责主体就应该明确，作品信息的存档就应该开展。但有时由于作品来源广泛，缺乏记录，直至作品已经损坏才被发现。因此，需要一个完善的维护计划使艺术作品能长久发挥艺术作用的关键。

（1）制定政策和维护指导：根据作品的来源（如委托、购买、礼品、捐赠等）为作品制定详细的政策和维护指导，明确负责修缮和维护的责任主体。如果是捐赠，则要求艺术家提供维护的资金，这样可避免当作品需要修缮的时候经费缺乏。

（2）作品征集和签署合约时的维护考量：在征集作品时应该给予艺术家对于维护作品提出建议的机会。同时在签署合约时，会要求艺术家填写“作品维护记录表”，详细描述作品的材料、施工工艺、结构等，这就保证了维护的方式方法有据可依。一般情况下艺术家对于作品材料和制作的保修期为一年，为了保证作品的质量，建议艺术家花少量资金，将作品咨询相关技术人员，优化材料和结构等的运用。

（3）资料存档和现状评估：资料的存档不仅是对作品和艺术家的尊重，放长远来看，这些记录也会成为社区或城市历史的一部分。应派专门的机构对作品的相关信息予以输入存档，其中记录的资料包括作者姓名、作品名称、创作与安装时间、客户名称、作品地点、作品材料和媒介、作品尺寸、作品获得方式等基本信息，以及艺术家本人对维护后的效果预估、外部环境对作品可能的影响等，还包括图片、合约和各次维护的相关记录等，由此安排例行和重大修缮的时间节点，以便为如何修缮提供依据。其中艺术家本人对自己的作品最为了解，因此其对维护后的效果预估、外部环境对作品可能的影响的陈述可在不影响作品表达的前提下，对将来的维护工作提出最为直接的参考意见。而维护记录包含艺术品现状、维护方式、责任主体、未来维护的建议、造价计算、维护前后图片、相关记录等。为了使信息得以妥善处理，应派一人专管信息的监管和报告，一人专管信息的输入。例如目前美国的“遗产保护”组织会同“Smithsonian 美国艺术博物馆”共同开展了名为“拯救室外雕塑”的项目，将美国各地的雕塑和纪念碑展开资料收集。当然资料的即时更新也是挑战之一。

而在现状评估部分，建议运用相关专家较为主观的方式对艺术品的现状、维护建议和相关预算做出评估。

（4）健全的修缮和维护团队：提前指定修缮和维护团队至关重要，团队可包含艺术家本人、承包方、制作方、技术人员等，人员越稳定越有利于作品的长久保护。有些项目可要求相关的政府机构辅助维护，例如位于园林中的雕塑，园林部分可由政府园林部门予以维护，再如景观雕塑喷泉可寻求公共艺术部门会同水务局共同维护，以解决供水不畅等问题。甚至公众都可以被唤起，对作品予以维护，拓展更多的艺术"粉丝"，例如作为志愿者向机构报告作品现状等。团队中的艺术家本人需要被重视，因为只有本人才最了解作品，但出于缺乏工程等背景，直接谋划维护方法可能有困难，但无论是谁来负责维护，艺术家本人都应该被事先咨询。

（5）稳定的资金来源：积极拓展与公众的交流，让公共艺术的声音散播开去，是获得社会关注和获得资金的理想方法。可寻求政府的"百分比"艺术财政预算和各组织和私人的资金支持，保证修缮和维护工作的稳步进行。

5.8 招投标

"招兵买马"是建设方或组织方广泛地获得成果，从而优中选优的方法，也常常是获取公共艺术作品的方法，作为公共艺术设计师而言，这也是将作品推向市场，获取伯乐青睐的常见方法，这就是公共艺术项目的招投标机制。

招标是指招标人（买方）事先发出招标通告或招标单，品种、数量和有关的交易条件提出在规定的时间、地点，准备买进的商品名称、件数，邀请投标人参加投标的行为。而投标是指投标人（卖方）应招标人的邀请，根据招标通告或招标单所规定的条件，在规定的期限内，向招标人提供成果的行为。

招标人在具有项目意向时，会形成招标书这一文件，里面罗列着项目和基地的信息、项目运作方式、投标要求、时间要求等，并在公共媒体上宣传。设计师作为投标人，经仔细阅读招标书信息后，决定是否参加招投标活动，如果确想参与，则根据招标书要求，在特定的场地内设计公共艺术作品，制作效果图、模型和文本等，并填写招标人规定的相关表格，计算出设计的概预算，共同形成投标文件，如期提交给招标人。招标人在约定的时间进行开标，审查和评选投标文件，选择出其中合乎要求并且概预算数目最低的投标方，宣布其中标，在与之协商之后签订合同，提出修改意见。待设计师修改完成后，建设方按照合同的付款节点给付大部分款项。接下来根据合同中的工作范围，设计师在施工过程中负责监理、配合，或提供咨询等服务，建设方在公共艺术项目落成后结清合同中规定的所有款项，公共艺术项目的全周期就此结束。

除了招投标方式之外，还有一种事先定好奖金或报酬的大规模的征稿和甄选的方式，那就是竞赛，组织方会将所有信息汇总成一份征稿文件，设计师在仔细阅读后设计作品，并将成稿提供给组织者。组织者评选后公布奖项花落谁家，并根据征稿文件中的规定向获奖者支付奖金，并有可能向冠军商讨下一步作品的落地事宜，以及签订合同等。由于合作方式和付款金额是预先公之于众的，竞赛的方式从开始就是组织者与参与者双向选择的过程。

5.9 公共艺术设计路径中的思考要点

前文就公共艺术的设计路径根据时间阶段进行了全局性的纵览，介绍了每一个步骤相应的任务和目的。但同样是在这个过程中，有些思考的要点却是要贯穿始终并着重强调，因为它们集中体现了公共艺术的特有价值，也会助力设计师更为笃定地肩负起公众与社会责任。

5.9.1 公众参与

公共艺术的公共性决定了其被公众欣赏、利用、依赖的作用，也决定了公共艺术设计中公众参与的特点。由于公众的需求因人而异又具有群体意志，而它们又能够成为公共艺术源源不断的创作给养，因此公共艺术的创作不仅是“公众需要”的过程，也是“需要公众”的过程。满足“公众需要”是公共艺术的服务功能的体现，它不仅是物质上的服务，也是精神上的升华，更是维护人权、促进交流、共筑更美好社会生活的必然要求。

公共艺术设计的全流程都应该通过倾听公众的意见来了解公众需要，获取一手信息，挖掘项目根本的社会价值。无论是设计初期的设计立意和功能定位圆桌会议，还是设计中期设计方案的公众听证会，抑或是设计后期公众参观反馈，都会及时给公共艺术设计提供客观实际的机遇与挑战。在西方很多公共艺术项目，尤其是社区主导的项目，社区为甄选出适合本地条件的、符合本地精神的作品，除社区和城市政府官员和艺术咨询人员外，还会特意邀请一定比例的社区居民代表共同组成艺术委员会，使公众需求发声，并直接传递给设计师，对已有成果提出意见，并具有项目实施与否的投票权，这种运作方式可保证项目在一开始就具有社区公众的智力投入。

除机制上的保证外，艺术家本身也需要尊重公众对于公共艺术的作用和主观能动性，培养公众参与的设计意识。首先从主观上开启开放式的设计过程，在每一个设计环节都主动向公众咨询，使公众的意见随时充盈设计，及时纠正设计过程中出现的偏颇。在西方，除甄选还有社区代表的艺术委员会之外，很多公共艺术设计在设计初期时，艺术家汇同组织者会深入社区内部，利用将来公共艺术可能选定的基地，开展现场头脑风暴的活动，通过公众将问题、憧憬、建议等写在或画在招贴板上的方式，汇总社区的意见，为公共艺术的设计提供指导意见。同样的活动还会在设计成果展示，施工过程中等时间节点安排。这样的方式不仅可以避免艺术家“一言堂”，不合宜的强制作品置入，更可唤起全民参与的积极性，使公众感受到自己对作品所尽的责任，并对作品产生认同。此外，公众参与不止在设计过程中的智力投入，更在作品建成后的真实使用。由于公众的不同需求与个性，每一个人对公共艺术的使用方式是不同的，因此很多艺术家选择与其单方面要求公众以某种方式使用作品，不如让公众根据自己的方式主动干预作品，甚至通过这种多样性的使用动态地塑造作品，这便是全民参与的互动式公共艺术。“SO?”是一家位于伊斯坦布尔的建筑和艺术设计事务所，他们于 2016 年在当地设计了一个名为《空中花园》（Sky Garden）（图 5-39、图 5-40）的公共艺术装置。作品在滨水的 Ortaköy 广场上的一片 60 平方米的开放空间中，运用搭建钢架，安装滑轮的方式，悬吊了数十个花盆。这个设计的概念呼应了中东地区特有的空中花园。公众可与作品完全的互动，可按照自己的意愿任意升降花盆，体验生态的乐趣。由于花盆是两个一组用绳索和滑轮连接在一起的，花盆是以此升彼降的方式运动，乐趣横生。而远观作品，其造型因为众人的参与而变化多端，时而如屋顶覆盖在公众之上，时而如雨滴落在人群之间。作品就好像放置在公共空间中的游乐设施，既可“远观”，又可“把玩”，成了当地颇受欢迎的互动型公共艺术。

5.9.2 以人为本

与公众参与相应的，更加本质和深层次的设计姿态就是以人为本。在设计行业中，这虽然是老生常谈，但落到实处却颇具挑战。以人为本，其要义是设计的来源是对每一个人的需求和期待做出响应，同时是出于对由若干人组成的群体、社区、地域，乃至与人相关的历史人文社会的关照。以人为本不仅是设计姿态和公众意志的展现，也是作品立意与雕琢的源泉。前文已述，在公共艺术的过程中，既要坚持全过程的人的参与，

图 5-39　空中花园（1），伊斯坦布尔的建筑和艺术设计事务所设计。

图 5-40　空中花园（2），伊斯坦布尔的建筑和艺术设计事务所设计。

又要尊重并服务人的需求，这正是以人为本的直接体现。但如何看待由每一个独一无二的个体形成的“人”的群体，会对公共艺术的设计和作用效率产生直接影响。首先以“作为使用者的全局的人”来阐释“以人为本”，每一个人都有相对固有的生理和心理的需求，抓住这些基本要点，可以避免出现作品“中看不中用”的情况，更好地迎合和促进公众的使用。例如允许人们坐下休息的作品尺度宜高 40 ～ 50 厘米，宽不小于 50 厘米，深不少于 40 厘米，这便是人的基本尺度决定的，如果尺寸不合理，就会出现所有使用者都不便利用的情况。再如大多数人们在晴热暴晒的夏季喜欢在荫凉处休息，而在寒冷刺骨的冬季则喜爱沐浴在阳光之中，因此有遮阳效果的公共艺术在夏季受到热捧，而向阳的公共艺术在冬季备受欢迎。“人”的第二个理解是“作为服务对象的本地的人”，他们是公共艺术作品最为直接的使用者，也是创造本地特色、汇聚本地意志、创造本地文化的使用者。当地人的风俗习惯、特定需求、审美趋向，都需要尊重、理解，甚至加以运用。由上关于“人”的两个理解，我们可知，以人为本是公共艺术的最根本出发点，也是维护公众平等和安居乐业生活的必要条件，这就要求艺术家应该具有公共性自觉，那就是“尊重 + 引导”，尊重人的要求和期待，运用自身的专业能力满足它们，并继续在各方面以创造性的思维予以创新优化提升，唤起并积极引导人们的公共意识，倡导相互交流和谐美好的社会氛围。在此过程中，公共艺术设计师与公众进行心灵的交流，作品来自公众又服务公众，这又何尝不是以人为本的体现呢？

5.9.3 在地唯一性

众所周知，人类发展的唯一出路是保证本代进步同时又不妨害后代进步的可持续发展。可持续性发展的要义除了在生态环境方面杜绝不负责任的掠夺之外，还包含着地方文化和特色的可持续性，即不要丢失人类的文化密码。保持文化多样性，防止文化同质化，不仅保障人们享有不同生活方式的权力，更使得作品因具有地域特色而独具匠心和绝无仅有。同时，每一个场地也会有特殊的条件，对作品提出了不同的要求，满足这些唯一条件的作品便只适合于这个场地。这种具体问题具体分析，每一件作品与每一个场地和周遭条件一一对应的关系，即作品的“在地唯一性”。无论在选址还是在设计时，它都应该是艺术家对设计应有考量。

图 5-41　蜘蛛，路易斯 · 布尔乔亚，毕尔巴鄂古根海姆博物馆。

图 5-42　蜘蛛，路易斯 · 布尔乔亚，旧金山海中栈道。

具体而言，在地唯一性包括艺术家对物理条件响应，包含对自然条件和空间性质的响应，选择合宜的形式与材料；在地唯一性也包括艺术家对人和社会条件的响应，包含对社区人群的活动与需求和历史文化信息等的响应，以营造唯一的“场所精神”。

公共艺术作品的获得，除常规的招投标甄选设计之外，还有一种是公共艺术作品采购。之所以采购型公共艺术比较特殊，是因为它是组织者或城市直接购买某位艺术家的公共艺术作品，可以大大缩短获得公共艺术的时间周期，简化获得步骤，那些重复出现在若干城市的公共艺术作品便是出自这样的获得方式。有人担心这种方式令作品生搬硬套，使作品丧失了在地唯一性，其实不然。艺术家或组织方起码要对作品的题材是否适合本地展开谈论，并且会对作品所在基地的尺度展开测量，保证作品能够被安放在其中，甚至还会考虑其他更多的因素。位于不同地方的同一件作品很可能之间有所差异，每一个为本地所做出的调整，都是在地唯一性的直接体现。例如法国女雕塑家路易斯 · 布尔乔亚（Louise Bourgeois）的作品“蜘蛛”在世界各地矗立而被人熟知，它们有些位于城市广场之中，有些位于乡野草地之上，其中西班牙毕尔巴鄂古根海姆博物馆门前的那尊由于基地面积较为狭小，作品高度为 9 米，蜘蛛腿几乎垂直落地，作品被塑造得较为高耸（图 5-41）。而位于旧金山的版本由于位于海中栈道之上，为突出海洋的水平线条，这里的“蜘蛛”只有 3 米的高度，而且姿态几乎趴在地面之上（图 5-42）。两个版本位于各自的环境中都具有其合理性，满足在地唯一性的要求。

5.10 实施案例：《水上月》

本公共艺术作品为中国雕塑家朱尚熹 2012 年的大型不锈钢雕塑作品，位于天津文化中心的浅水平台之上。该雕塑高 12.8 米，雕塑的表面为镜面抛光。雕塑形态扭转有力，线条流畅。作品刻画了水面上升起的一弯新月，通过上下部分的肌理对比展示月亮本体和水中倒影，配合其所处的浅水池所反映的二次倒影，使“月”的理念在水面上展示得晶莹剔透，流光溢彩。无论在蓝天白云下，还是在晚霞映照中，抑或是粼粼水面上，尤其是夜幕降临，华灯初上，水上水下的灯光烘托，雕塑的不锈钢镜面对周围的反射中尽显璀璨，在天空一轮月光的笼罩中，华丽无比，美轮美奂（图 5-43、图 5-44）。

天津文化中心是集天津大剧院、天津图书馆、天津美术馆、天津博物馆、天津自然博物馆、天津科技馆

图 5-43　水上月，天津（1），朱尚熹。

图 5-44　水上月，天津（2），朱尚熹。

图 5-45　水上月，高度 6 米，不锈钢铸造。

图 5-46　水上月，高度 8 米，不锈钢铸造。

图 5-47　水上月，高度 12 米，不锈钢铸造。

等重要文化科技设施于一体，是名副其实的天津文化中心。《水上月》所在位置是被上述公共建筑围合的文化中心的大型湖面的一侧，天津美术馆的正对面。优越的地理位置是公共艺术作品绝佳的机会。

雕塑《水上月》的构思成型始于以下原因：首先是作者出于对简洁的几何化形态和具有鲜明雕塑品格的偏爱，其中的情感是自然而然地流露。第二，表现圆环的动态，使之具有生命感。而使圆环具有生命感的首要途径就是给予力量与运动的暗示。在雕塑上最能使作品具有力量与动感的办法就是对形体进行空间的处理与经营，通过形扭转，或折叠，或错位，将人们的目光不断地引向空间深处，这样形态就有了起伏、翻转的运动，有了运动也就有了生命。在这件作品中，扭转形态时有意使圆环断开，特意给予了作用力的暗示。在现当代雕塑的创作中对生命能量的暗示非常重要，其理由有两点：一是对室外空间的征服。室外雕塑的空间问题始终是雕塑家要面临和思考的问题。尺度再大的雕塑在天地之间也显得渺小，然而雕塑家是有本事通过对雕塑造型语言的处理和尺度的把控，把作品做得具有空间张力的，从而使作品在视觉上达到对特定空间的控制。为了达到这一目标，推敲与决策作品的体量与尺度就显得非常重要了，通过研究现场的空间环境后，朱尚熹通过计算机软件模拟并研究了当作品的高度在6米、8米、12米时的空间比例和空间感受，（图 5-45 ~ 图 5-47）得出了《水上月》的高度应该在 12 ~ 15 米的构想，于是委托单位就取值建议的下线 12 米签订了制作合同。在制作过程中，朱尚熹还是尽最大的努力增加了尺度和体量，最后的成品是高度 12.8 米。第三，生命能量是现代雕塑的精髓所在。正如英国评论家赫伯特 · 理德在《现代雕塑简史》中就谈到现代主义雕塑的“观念不再是美，而是能量”。亨利 · 摩尔在谈到他的创作时也说，他是在塑造生命的能量，如何表现张力是他的课题，而不是什么审美，审美是古典主义的话题了。作品《水上月》所处的环境是天津新近建设的现当代城市公共环境，周边的大剧院、图书馆、美术馆、博物馆文化设施都是当代城市的标志性建筑。在这样的环境空间中《水上月》必须洋溢着十足的活力才能够与之匹配。有了这样一些关于形的思考、实验和准

图 5-48　水上月，泥塑初稿。

图 5-49　水上月，泥塑放大。

图 5-50　水上月，吊装落地。

备，《水上月》的出现就顺理成章了。新月在水面上冉冉升起，其倒影与水上“月”的实体形成圆环，圆环有力地扭动，各种流线在空间中交叉，虚实体的对接之处显示出生命的灵性。“海上生明月，天涯共此时”“滟滟随波千万里，何处春江无月明？”中国文学史上有无数描写月的名句，可以说“月亮”是中国人情感的寄托与象征。《水上月》以抽象雕塑的方式，用全新的角度表达了月的壮丽和华美，再加上作品的整体镜面抛光工艺，将阳光、蓝天、建筑和水面环境映照其中，其视觉效果或清澈剔透，或流光溢彩。很巧的是开口的圆环正好是大写字母“C”，英文的“文化”和“中心”的字母“Culture”和“Center”的打头字母都是“C”，这之于天津文化中心，都是很贴切的。

为突显明月波光粼粼晶莹剔透的艺术理念，作品的材料选用不锈钢，其中雕塑的下半部为不锈钢铸造抛光，平均厚度为 7 毫米，上部为不锈钢锻造，厚度为 5 毫米。厚实的材料可以有效抵抗变形，保持形状的垂挺和洗练。

《水上月》的征稿始于 2010 年下半年，到最后的落成历时超过一年半，实际实施的时间只有四个多月，即从 2011 年的 12 月正式启动制作施工开始到 4 月完全落成，虽然时间颇为紧迫，但由于艺术家与委托单位和施工单位的通力合作，作品最终如期完成，天津也收获了一件优秀的公共艺术作品（图 5-48 ～图 5-50）。

朱尚熹也对公共艺术设计师在公共艺术创作中所起的作用有一些自己的看法，他认为目前公共艺术领域存在的将大量的时间耗费在征稿和定稿阶段，一旦定稿恨不得要求在一夜之间把雕塑立起来的现象在全国各地比比皆是，这便无法保证公共艺术的质量。应该说，现代中国“垃圾”城市公共艺术的普及，从建设单位、艺术家到制作单位，所有参与者都脱不开干系。当然在这三者中，建设单位是强者，好像更多的责任不在艺术家和制作单位，其实不然，在这三者的角色中，除了建设方要充分尊重公共艺术的规律，厂家不要偷工减料之外，公共艺术设计师的责任非常重要。从某种意义上讲，设计师可能处在中心位置。如果我们的设计师在公共艺术的实践中为作品的质量据理力争，少一些凑合和利益思想，多一些专业责任和艺术理想，件件公共艺术作品都应该当成自己的纯艺术品来做，而不是当成行活儿去做，我们的公共艺术肯定会有改观。

通过观察公共艺术的创作历程，我们可以更好地理解“艺术来源于生活，又高于生活”的真正要义——这正对应了公共艺术的设计路径中客观与主观的对立统一关系，对应了服务与创造相结合的设计师姿态。

公共艺术的设计路径，是艺术家亲历与得到反馈的历程，是公众参与和乐享的历程，是分析问题和解决问题的历程，是人居环境和历史文脉焕发生机的历程，是艺术走进人心的历程。

第 6 章 公共艺术经典案例分析

随着人类活动空间的拓展，在公共领域参与艺术活动的主体和客体之间的边界日益模糊，人类艺术活动的空间和场域也在空前的扩张，各国艺术家在世界各地创作了大量的公共艺术作品，出现了许多经典作品，彰显着艺术与生活结合，艺术融入空间的美景，改变着城市的视觉空间和文化状态。

本章选取各国著名公共艺术家的案例，以公共艺术的呈现空间为纬，以雕塑、浮雕、壁画等公共艺术形式为经，以图像的形式呈现并加以介绍分析。

6.1 广场上的公共艺术

广场、草坪等区域，是面积比较大的开阔场地，广场特指城市中由建筑物合围的开阔场地，形成一个相互呼应的场域空间。广场通常也是大量车流、人流集散的场所，是城市道路、交通枢纽。广场集中表现着城市建设的活力与风貌，是城市地域特色、文化特色和民俗风情最直观的表达空间。广场是城市民众开展政治、经济、文化等社会活动的聚集地，是城市居民休憩、交往的公共空间。同时，广场也是外来者访问、旅游的重要落脚地，从这个意义上说，“广场是城市客厅”。

广场空间是城市公共艺术规划创作、建设实施的重点区域，各国公共艺术家在世界各地不同类型的广场上，创作实施了大量的公共艺术作品和项目，主要是雕塑作品。

6.1.1 作品名称：《云门》（图 6-1、图 6-2）

作者：阿尼什 · 卡普尔（英国印度裔）

地点：芝加哥千禧公园

材质：镜面不锈钢

尺寸：长 20 米，高 10 米

时间：2006 年

英国印度裔艺术家阿尼什 · 卡普尔创作的巨型镜面不锈钢作品《云门》，因其外形又被公众和媒体俗称为“豆荚”（the Bean），设计师将其命名为“云门”，意为通往芝加哥的大门。

《云门》被认为是卡普尔最有野心的作品，是“一个脱俗和亮丽的形态”。他的设计灵感来自于液态的水银，这件椭圆形雕塑用不锈钢板拼接而成，焊缝被高度抛光得不留任何痕迹，从而变得“完美”。整个雕塑又像一面球形的镜子，在映照出芝加哥摩天大楼和天空朵朵白云的同时，也如一个巨大哈哈镜，吸引游人驻足欣赏雕塑映出别样的自己。

卡普尔也为观者制造了有趣的视觉体验，雕塑的底部被设计为一个反射重叠映像的凹状空间中心点（omphalos）。这个空间像个拱门，顶部离地 9 米高，参观者可以走进雕塑与之亲密接触。人们行走时摆动身体的映像，都会如照哈哈镜一般被扭曲。如果观者站在适当的位置上，他们的映像又会重叠。这样的设计增强了观者的体验感，让观者产生固体变成液体的幻觉。当参观者们穿过拱门走到雕塑外围时，他们又能看到整个艺术品及其映射出的被扭曲的城市景观。人们通过镜像中投射出的天空、天际线和地面建筑物的变化，观察云的速度与变化，感受着时空的变幻与转化，潜移默化地改变着观者

图 6-1　云门 1，张玲华摄。

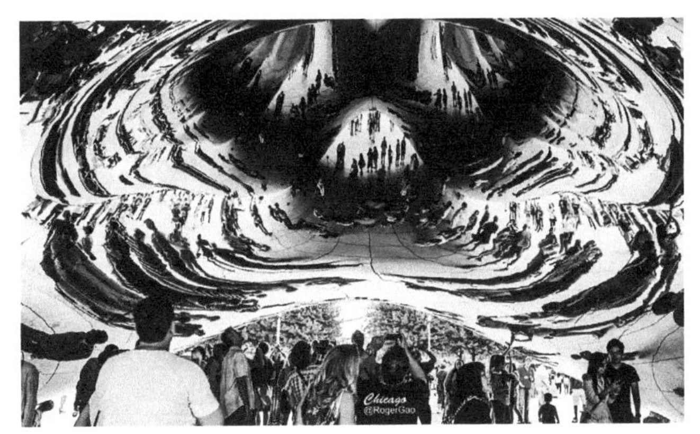

图 6-2　云门 2

对时间和空间的认知。

卡普尔的作品经常以一些对立的条件为主题，把观看者放在一个“两者之间”的处境，例如：“实在与虚无”“现实与映像”“肉体与精神”“静止与超越”“东方与西方”和“天空与地球”等，但这样做会让“里面与外面”“表面与隐蔽”和“有意识与无意识”的主题产生冲突。《云门》是卡普尔对这种冲突的主题一次成功的表达，《云门》已是美国芝加哥市的标志性景观之一。

6.1.2 《弗兰兹 · 卡夫卡肖像》（图 6-3、图 6-4）

地点：布拉格商业中心

作者：大卫 · 切尔尼（David Cerny）（捷克）

材质：不锈钢

尺寸：9.14 米

时间：2014 年

著名前卫雕塑家大卫·切尔尼设计的作家弗兰兹·卡夫卡的肖像，矗立在捷克首都布拉格商业中心广场上，这是一件超现实主义动态雕塑，作品是一个硕大的金属喷泉，由 42 层独立驱动的不锈钢“切片”叠加而成，高 9.14 米，重量高达 45 吨。远远看去像是某种刚从科幻电影中走出的壮观布景，而“切片”们则可以绕着中轴正向或反向做 360° 旋转，总是在一些特定的时刻，这些“切片”将旋转到合适的角度，共同组成一颗巨大的卡夫卡头像。观者在广场任何地点静待，都可以欣赏到运用高科技技术驱动的、完整的卡夫卡头像。这巨大的雕像嘴部能喷水，在实现广场雕塑喷泉功能的同时，给作品增添了诙谐的意味。

显然，艺术家大卫 · 切尔尼读懂了“现代派文学的鼻祖”卡夫卡，特别是《变形记》中，变幻荒诞的形象和象征直觉的手法，表现被充满敌意的社会环境所包围的孤立、绝望的个人。以此为出发点，大卫 · 切尔尼创作了纠结扭曲、形式不断变换的卡夫卡头像，以此表现其不断纠结反思、自我怀疑的一生。此作品观念突出、造型独特，具有视觉冲击力，并巧妙地将艺术作品融入时代与公共环境当中。

图 6–3　弗兰兹 · 卡夫卡肖像（1）

图 6–4　弗兰兹 · 卡夫卡肖像（2）

图 6–5　大拇指

6.1.3 《大拇指》（图 6-5）

作者：恺撒 · 巴尔达西尼（法国）

地点：巴黎新区拉德芳斯靠近新凯旋门的一个广场

材质：铸铜

尺寸：高 12 米

时间：1965 年

在公共艺术创作中，艺术家常常会把人们司空见惯的某些人与物放大。尺度和空间的改变，影响着人们固有的视觉感受，潜移默化地改变着人们对事物的认知。法国新现实主义代表人物，雕塑家恺撒 · 巴尔达西尼创作的《大拇指》就是这种艺术实践的一个经典。

恺撒早年毕业于马赛艺术学院又在巴黎艺术学院深造，他的艺术生涯一开始，风格就与学院派雕塑的古典规范大相径庭。早年，他用废弃的工业时代常见金属物件，通过拼贴、组装、焊接等方法创出新的形象。继而运用空压机挤压报废的汽车，改变材料原有的形态，形成表面肌理奇特、色彩斑斓的立方体，传递着对当时各种社会问题的思考。

恺撒的创作由抽象艺术介入具象领域的代表性作品是《大拇指》。作品创意灵感来自于恺撒自己的手，恺撒把自己的大拇指浇成石膏模型，再放大而成。雕塑家把大拇指上的每一条皱纹，指甲上每一处不规则的凹凸面都制作得十分准确，是严格地按比例来进行放大的，而不是随心所欲的创作，寓意深刻、细腻逼真。

竖起大拇指在人类肢体语言中，通常是表达："非常好！""非常棒！"和"一切顺利！"的寓意。1994 年，这座独特的《大拇指》雕塑被放大至 12 米，在巴黎新区拉德芳斯靠近新凯旋门的一个广场上耸立起来。这个大拇指通过巨大的体量，宣告了它在这块土地上的权威性，让人们从视觉上感受到新区拉芳德斯生机勃勃的力量。然而在这个被放大了几百倍的大拇指上，原本细细的指纹像土地上龟裂的沟痕，产生出一种人生蹉跎岁月的历史感。当这座《大拇指》放大到 12 米高时，实际上它已经从架上雕塑的室内空间走出，而进入了环境艺术的广阔天地。它不再代表“某人的大拇指”，而是一种广义上的“大拇指”，彰显着人类的一种权威。它以触目的形象骄傲地赞美着人的伟大、永恒和不朽，赞美美好的景象。

6.1.4 《在墙后》（Behind the Walls）（图 6-6）

作者：乔玛 · 帕兰萨（Jaume Plensa）

地点：美国纽约曼哈顿的洛克菲勒中心

材质：不锈钢喷漆

尺寸：7.62 米

时间：2018 年

乔玛 · 帕兰萨是当代著名的概念艺术家。他的作品由于个性的风格和语言，为现代象征雕塑注入了新的诗学特征，在当代公共艺术中独树一帜。《在墙后》，作为纪念性公共雕塑，被安放在了美国纽约曼哈顿的洛克菲勒中心，与其他 13 位国际艺术家的作品一起作为洛克菲勒中心正在举行的“弗里兹雕塑展”的一部分。活动旨在开辟一个新的空间，讨论我们所处时代的不稳定性。

《在墙后》近 25 英尺高，双手遮住眼睛的、被压缩拉长的女性头像，表达了乔玛 · 帕兰萨对女性问题的关注与思考，以及对妇女地位的怜悯与忧虑。第一次看到他的这种被拉长的人物头像的图片时，会产生错觉，以为是作品照片的图像被夸张地拉伸，实际上是艺术家用独特的手法给人们观看雕塑增添了新的视角和另类的视觉审美体验。

6.1.5 《火烈鸟》（Flamingo）（图 6-7）

作者：亚历山大 · 考尔德（Alexander Calder）

地点：芝加哥联邦政府中心广场卢钦斯基联邦大厦门前

材质：钢板铆接

尺寸：高度 15.9 米

时间：1973 年

芝加哥联邦政府中心广场上，坐落着一个由美国雕塑家亚历山大 · 考尔德创作的，纯红色、高达 15.9 米的巨型雕塑《火烈鸟》。整个作品用钢板铆接而成，作品流畅而富有力量。雕塑造型中几乎没有一条垂直线和水平线，巨大的弧形线条，把笨重的钢铁火烈鸟打造得宏伟而充满张力。《火烈鸟》雕塑鲜艳的正红色让周围深色外墙的芝加哥派风格建筑一下子轻盈起来。庞大而又空灵的形体与周围的立柱与现代建筑形成一种鲜明的对比，作品的线性造型又与建筑的直线感构成一种内在的联系，显得协调合拍，创造了一种富有生机的环境氛围。

远处一瞥，便可感悟到《火烈鸟》充满着乐观主义精神和幽默感，是美国人热情开朗的性格再现。人们在雕塑构筑的巨大空间里自由穿行，强烈的设计感将多元的时尚气息添加到了写字楼繁忙交替的生活作息中，颇具动感。近距离观赏，宏大的尺度和丰富的块面穿插，细部处理流畅精致，令人折服。看到它，人们自然会回想到那个激动人心的工业时代，再次唤醒人们的创新开拓精神。

图 6-6　在墙后

图 6-7　火烈鸟

考尔德是艺术史上伟大的革新者之一，其作品被杜尚称为“动态雕塑”。《火烈鸟》是这种大型钢构“动态雕塑”的经典之作。雕塑看上去是静态的，却在不停地表现着动的观念，使人的视觉围绕着雕塑寻找新的形象，从中感受到的是一个动的世界。考尔德的大型钢构雕塑，以其独特的创新精神展示了一种全新的公共艺术类型，也使人们充分认识到大型抽象雕塑比严肃的传统欧洲铸铜雕塑更适合美国的摩天大楼，同时也赢得了公众对城市雕塑在城市景观中所处的必不可少地位的认同。

6.1.6 《我懂你说的》“大蓝熊”（图 6-8、图 6-9）

作者：劳伦斯 · 阿金特

地点：美国丹佛会议中心

材质：不锈钢喷漆

尺寸：12.19 米

时间：2005 年

在公共艺术设计中，作品的尺寸和体量往往是艺术家考量的重要的因素。当人们处于超出日常视觉心理的巨大或细微的事物面前时，会产生较强烈的心理反应。经典文学作品《格列佛游记》小人国和大人国中，用普通人站在巨人或小人面前奇特的感受，讲述了精彩的故事。美国医学院院士刘易斯 · 托马斯对视觉心理学颇有研究，他在心理上“从适当的高度”往下看同行们时，会产生不同的感受。

享誉世界的公共艺术家劳伦斯 · 阿金特也是讲“小人国”与“大人国”故事的高手，他设计了一只高达 12 米多的蓝色大熊趴在美丹佛会议中心窗外。这个大块头巨熊的设计理念，来源于一次劳伦斯无意之中在报纸上看到一头大熊，他认为丹佛的会议中心每一天都在讨论着与丹佛人民息息相关的各类问题，但其实外界并不真的清楚他们在说什么，趴在窗户边往里窥视的大熊再也适合不过了！

大蓝熊虽然是大块头，其实是一个小孩子，有趣的是它正将两个爪子在会议中心的玻璃墙上，前额靠近玻璃墙，歪着头，往大厅里窥视，表达着“我懂你说的”（I see what you mean），当然，也可以理解为：我想知道你们在说些什么？

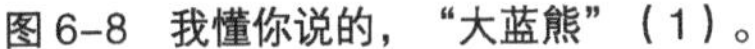
图 6-8　我懂你说的，“大蓝熊”（1）。

图 6-9　我懂你说的，“大蓝熊”（2）

12 米高的大蓝熊，壮硕的身躯表面简洁明快的几何形体块面，符合现代简约的设计感，通体喷为蓝色而不是熊固有的棕色或黑色，有着诙谐和反讽的意味，以其天真衬托批评着人的世故。在这样一个整天出入着“一本正经”的人们的严肃场合外面，放上这么一个童话“人物”，你感觉到艺术家是要在精神上超越同类，把自我（他以作品为代言人） 和里面那个热衷会议的世界切割开来，这一来，“大蓝熊”就有了超出物质实体的意味了。

6.1.7 《超然》（图 6-10、图 6-11）

作者：劳伦斯 · 阿金特

地点：深圳壹方中心商业街

材质：镜面不锈钢

尺寸：16 米，跨越两层

时间：2017 年

著名艺术家劳伦斯 · 阿金特（Lawrence Argent）成长于澳洲，曾居住于美国科罗拉多州丹佛市，他的创作曾于世界各地展出，无论欧洲、美国、加拿大，或是中国，都有他创作的足迹。劳伦斯擅长体察不同国度，不同文化背景下，人们自身所处的社会环境与各自的生活状态。其作品风格自由游走于高雅艺术与大众艺术之间，无论从概念传递还是呈现方式，都以幽默的形式去打动人。劳伦斯近年的创作，以大规模的动物雕塑而闻名，去世前最后一件大型公共艺术作品，是建于中国深圳壹方中心商业街主入口处的一件名叫《超然》的巨型中国龙。劳伦斯用了“龙”这个象征权力与吉祥的神化生物，来表达中国文化。

壹方中心商业街项目的主题是“一石激起千层浪”，劳伦斯设计了巨龙雕塑引导视线，与项目主题相呼应，劳伦斯巧妙地利用了下沉式广场的空间落差，高达 16 米的不锈钢巨龙，龙的身体和后肢在地下，由负一层一跃而起，跨越首层广场与下沉空间，龙头、龙背和龙尾伸出地面，有横空出世之震撼。龙身好似穿梭

图 6-10　超然（1）

图 6-11　超然（2）

盘踞在浪花之间，充满生机与活力。在灯光照明和喷雾的衬托下，巨龙或隐或现，看上去像在空中漂浮般的灵动，与“神龙见首不见尾”“龙之为物，幻化无穷”的中国文化相契合。劳伦斯说：“就在此刻，变换的身形显现。瞬间成为永恒。”

6.1.8 《北方天使》（Angel of the North）（图 6-12、图 6-13）

作者：安东尼 · 葛姆雷　(Antony Gormley)

地点：英国纽卡斯尔北部北英格兰 A1 公路旁

材质：耐候钢材与少量铜的混合金属

尺寸：高 20 米，翼展 54 米，重 200 吨

时间：1998 年

安东尼 · 葛姆雷，是英国当代著名雕塑大师，1998 年因创作著名公共雕塑《北方天使》（Angel of the North）一举扬名国际。

《北方天使》体量巨大，高达 20 米、翼展 54 米，是英国境内最大的雕塑，是北英格兰具有代表性的户外地标作品。雕塑的造型采用了夸张手法，超高的形体、横向张开的巨大臂膀化为双翼，使人在仰视时产生一种振翼欲飞的错觉，被作品这种强大的张力所震撼。天使的两翼并不是水平垂直的，而是向前倾斜了 3.5°，葛姆雷说灵感来自作者本人的身体，这样做是为了“创造一种拥抱感”。雕塑作品的材料，来自于泰恩河造船厂生产的废船，由耐候性钢材与少量铜混合而成，通体棕红色生锈的光泽，与绿色的原野形成鲜明的对比。

《北方天使》的声誉不只来自雕塑作品本身，更多的是在改善城市环境、催生新的经济增长方面的潜在作用。纽卡斯尔市是因煤矿兴起的城市，而在它北部的 Gateshead 小镇历经现代工业的洗礼之后，随着煤炭开采业的衰落，其他传统产业逐渐没落，造成人口外流、人口老化，以及上述二者所衍生而来的种种社会问题。当地政府对纽卡斯尔郊区进行重新规划，开辟为绿色景观，并决定在此处设立一个具有里程碑意义的艺术项目。安东尼 · 葛姆雷为“我们需要你创造一个天使”的请求所感动，希望他的作品能在英国东北人民过渡的痛苦时期，给人们制造一个希望。

雕塑建成后，一夜之间吸引了英国和全球的眼光，极大地提升了纽卡斯尔的城市影响力。经过当地政府

图 6-12 北方天使（1）

图 6-13 北方天使（2）

其后对教育、文化、艺术、体育的持续投资，这里成功地转型为英格兰北部的艺术文化新城，被欧盟树立为工业转型的典范。

6.1.9 《纳尔逊·曼德拉》（Nelson Rolihlahla Mandela）（图 6-14）

作者：马克·钱法内利（Marco Cianfanelli）

地点：南非夸祖鲁纳塔尔省

材质：钢柱

尺寸：高 10 米、宽 7 米

时间：2004 年

为纪念纳尔逊·曼德拉因反对宗族歧视被捕入狱 50 周年，艺术家马克·钱法内利在南非夸鲁·纳塔尔省，创作设计了一座曼德拉雕像。这座雕像并未采用常见的写实手法来表现，也未使用人物雕像通常采用的铸铜、石材来创作，而是别出心裁地采用钢柱为媒材来创作。50 根黑色 10 米长的钢柱树立在一起，每根高度 6 米到 9 米不等，固定在地面的混凝土基座中。雕塑中的钢柱并不是一体成型，钢柱上按照构成图像的设计需要，有规律地焊接着变型体面的钢片，后进行清洗上色，再运往现场进行量距排列。

距雕塑 35 米处正观雕塑，将获得最佳的视觉效果，钢柱的体面变化形成曼德拉头像。一根根耸立的钢柱形似栅栏，指代监狱铁窗这一物象，寓意曼德拉长达 27 年的监狱铁窗生涯，也表达了对种族主义强烈的谴责与讽刺。

当观众步行通过雕塑的钢柱结构，这些钢柱仿佛一束包含千万光线的光束，象征着团结的力量和正义的政治斗争。作为一件含义完整的雕塑作品，其外部环境也与作品本身相当契合。资深建筑师杰里米·罗斯在通往雕塑的道路两旁上栽种树木，树干上分别刻有“勇敢、政治家、领导者、囚犯、忠实伙伴、毅力”的词语，解读曼德拉精神。如今曼德拉已离世，这件公共艺术作品成为铭记他最好的纪念物。

6.1.10 《风之梳》（图 6-15、图 6-16）

作者：爱德华多·奇利达（Eduardo Chillida）、路易斯·佩纳·加切吉（Luis Pena Ganchegui）

地点：西班牙圣塞巴斯蒂安海湾

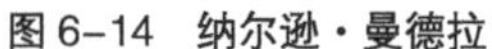
图 6-14　纳尔逊·曼德拉

图 6-15　风之梳（1）

图 6-16　风之梳（2）

材质：铸铁

尺寸：巨型三件、各重 10 吨

时间：1977 年

在西班牙圣塞巴斯蒂安海湾，一组大型钢雕塑耸立在岩礁上，它们是著名雕塑家爱德华多·奇利达最广为人知的铸铁作品——《风之梳》。由奇利达与巴斯克建筑师路易斯·佩纳·加切吉合作完成。

奇利达的作品是极简主义艺术的典范，他曾就对空间和时间的思考，与德国哲学家马丁·海德格尔有过较为深入的对话。因为他们发现从不同角度看，他们是用同样的方式在工作。所不同的是，海德格尔用的是抽象的哲学概念，而奇利达则是用艺术语言去表达。

从 20 世纪 50 年代开始，奇利达在海边作了一系列主题研究，即，在艺术作品中如何表达，包含“风”“海”“土地”三个要素的概念，奇利达创作一批巨大而威猛，蕴含着运动和张力的作品，传达出奇利达特有的对自然的理解和尊敬，其刚硬、执拗和坚忍的气质，正如研究者说的“在人类艺术史中并不多见”，奇利达说，“我的作品是对重力的反抗”。

奇利达的最经典作品《风之梳》，由三座状若铁钳的钢构组成，每件重达 10 吨，深深嵌在从坎塔布里亚海升起的天然岩石中，在不断被海浪冲击的海边，经年累月，铁质已被氧化，雕塑作品便同岩石融为一体。以其面向大海、搏击风浪的豪迈之姿，永远吸引着前来参观的人群。

在材料运用上，奇利达对钢铁有着执着的偏爱，他受到西班牙巴斯克地区铸铁文化的影响，钢筋铁骨成为他作品的基本风格。奇利达从不把作品模型交给铸造工人，而是在工厂里与铸造工人紧密合作。他通常会在铸造时添加一种合金，使金属在氧化时呈现出迷人的铁锈色。

6.1.11 《神马》（Kelpies.Scott）（图 6-17）

作者：安迪·斯科特（Andy Scott）

地点：苏格兰福斯克莱德运河

材质：钢构、不锈钢

尺寸：高 30 米

尺寸：2014 年

图 6-17　神马

图 6-18　小狗（1）

图 6-19　小狗（2）

雕塑《神马》（Kelpies Scott）坐落在苏格兰福斯－克莱德运河边，这对马头成为世界上最大的马头造型雕塑，同时，该雕塑也成为振兴老工业区福尔柯克与格兰杰默斯“Helix 项目”的一部分。为的是歌颂在一战期间，因向前线运送军火物资而丧生的 800 万匹马，也为纪念苏格拉工业化进程中，扮演着重要角色的克莱德挽马。

这组巨大马头雕塑高 30 米，由艺术家安迪 · 斯科特创作设计，由一套两个马头组成的，艺术家创作灵感来自于凯尔特民间传说中，栖息在河流湖泊边的神马“Kelpies”（马形水鬼）。艺术家以苏格兰具有纯正血统的克莱德挽马为原型，设计出了这对巨型马头。一尊昂首嘶鸣，一尊垂头低吟，屹立震撼无比。

雕塑由一个复杂的钢铁框架支撑起来，马头里面的空间也是作为公共空间使用的。没有使用整体不锈钢表皮，而是由数百片不同图案的钢片组成表皮，极大丰富了肌理的视觉变化，突出了作品的当代属性。雕塑将光源置于马身内部，由内向外，使光线与雕塑浑然天成。夜幕降临之时，在聚光灯的照射下《神马》内外一起发光，甚是震撼。Kelpies Scott 是目前世界上最大的马头造型雕塑，已成为苏格兰的新地标性建筑物之一。

6.1.12 《小狗》（puppy）（图 6-18、图 6-19）

作者：杰夫 · 昆斯

地点：西班牙的古根海姆博物馆

材质：花卉植物

尺寸：高 12.4 米

时间：1992 年

以花卉为媒材创作公共艺术作品，始自安迪 . 沃霍尔，其后，许多波普艺术家在这方面做过一些有意思的尝试。1992 年杰夫 . 昆斯受德国巴特阿罗尔森委托，为艺术展做一件作品。杰夫 · 昆斯用 6 万棵花卉植物，有金盏花、海棠花、凤仙花、半边莲、喇叭花和大量的绿植，做了花卉栽植《小狗》。这是一个 143 英尺（12.4 米）高的玩具式公共艺术作品，是在钢架结构上栽植各种花卉，用灌木修剪法制作而成，形象来自西部高地的白梗幼犬。由杰夫 . 昆斯说：“将自己对作品的控制权交给大自然，这是一种很好的体验。”其后，这个雕塑在西班牙的古根海姆博物馆展出，小狗身上的花卉植物还在继续生长。

杰夫 · 昆斯及其作品颠覆了传统意义上人们对艺术及艺术品的认知，实际上已经超出了艺术的范畴。他把无耻的庸俗的作品，提升到大雅之堂并利用跨媒介的手段，因此饱受到争议。有些批评者认为他的作品低级粗俗，以愤世嫉俗的自我推销为基础；有些人则认为他的作品是开创性的，有重要的艺术史意义。对此，杰夫．昆斯毫不在意，他说："观者可能在第一次看到我的作品时讽刺我，但我根本没有看见。讽刺是缘于过多的批判思想。"

正是这样一位颇多争议的艺术家，在过去35年里，研究了艺术与大众文化之间的关系，探讨了社会阶层和价值系统的缺陷，重新塑造了常用物品如充气玩具、家居用品和商业图像的规模、材料和手法。而杰夫·昆斯最有影响力的正是公共艺术领域，他的大胆和快乐的户外作品影响了世界各地的观众。从1992年的《小狗》雕塑到2000年由纽约公共艺术基金会资助的标志性不锈钢雕塑，以及至今在10多年时间里不间断创建的多个植栽修剪作品，他的公共艺术作品不但改变了城市景观，也让喜欢新奇事物的美国大众深深喜爱上这位看上去高不可攀的艺术家。

6.1.13 《世纪之吻》（图6-20、图6-21）

作者：斯沃德·约翰逊

地点：圣地亚哥军港草坪

尺寸：高8米

材质：铸铜喷漆

时间：2005年

美国圣地亚哥军港的草坪上伫立着巨大的雕塑"世纪之吻"，一位英俊的水兵深情地热吻着年轻护士，演绎着美国人民在战争结束后狂喜的心情。凡到此旅游的人几乎都会被这座雕塑所感动，这么浪漫多情的雕塑，观者们不论老少，都会情不自禁地驻足仰望，与这座著名雕塑合影留念。

雕塑《世纪之吻》之所以享誉世界，在于其取材于真实的历史事件和历史人物，塑像的人物原型虽然不是什么历史伟人或当代名人，只是两个素不相识的美国青年男女的一次偶遇和偶发的举动，但是，这两个陌生的年轻人在特定的历史时刻，所做出的是在平时几乎不可思议的举动——激情拥吻，却成就了摄影艺术史上的一件不朽经典作品。1945年8月15日（美国时间14日），当日本宣布投降的消息传到纽约，时代广场上一名美国水兵情不自禁拥吻身旁一位素不相识的女护士，而旁边的人则报以会心的微笑。这一美妙的瞬间被《生活》杂志记者阿尔弗雷德·伊森斯塔特抓拍到，使这个"热吻"定格下来，成为一个标志性的形象。"胜利日之吻"让我们窥视到了战争的残酷，在无情的杀戮之后，人性回归本原，彰显温情，和平弥足珍贵。这张照片因此而闻名于世，成为摄影界的经典作品，摄影师也因此获得了当年的新闻摄影大奖。其后，艺术家们以此为原型，创作了许多不同类型的艺术作品，雕塑《世纪之吻》就是那张经典的纽约时代广场的"胜利日之吻"照片的雕像版。

同题材的雕塑不止圣地亚哥军港这一件，纽约时代广场还有一件运用传统具象写实手法表现的，真人等大的铸铜雕塑。当我们对两件作品进行艺术比较时，可以看出，两件雕塑艺术构思都谈不上别出心裁，人物造型也基本上都是严格依据照片塑成。而纽约时代广场的雕塑，远不及这件巨大的《世纪之吻》更有影响力，更为世人所倾倒。因为巨大体量带来的视觉震撼，逼真还原历史情境的色彩，这些波普性公共艺术的强势，更为广大民众所接受所喜爱。

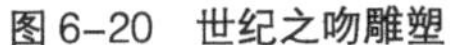

图 6-20　世纪之吻雕塑

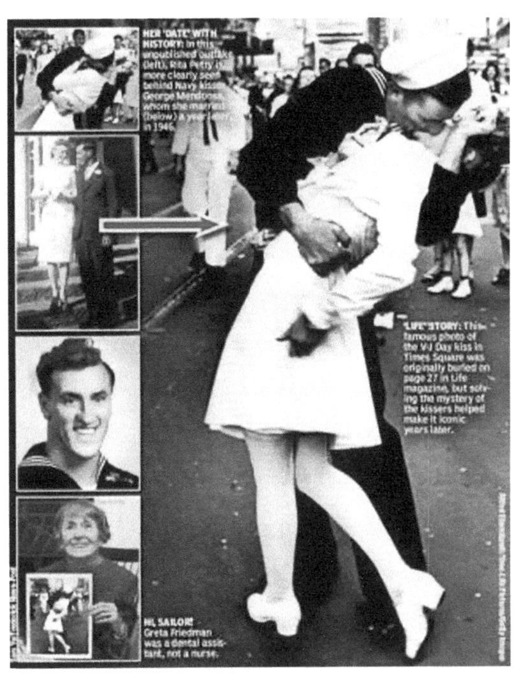

图 6-21　世纪之吻

公共艺术设置、安放地点也是构成作品成功的重要因素，《世纪之吻》原型取自美国纽约时代广场，按理说建成后可就地伫立，但这件雕塑屹立在圣地亚哥军港，面向参战士兵回国码头，码头泊位上停靠着著名的"中途岛"号航空母舰，《世纪之吻》雕塑与航母遥相呼应，深刻诠释着战争的残酷与和平的珍贵，使雕像更具历史意味。

6.1.14 《阿里和尼诺》（Ali and Nino）（图 6-22、图 6-23）

作者：塔玛拉（Tamara Kvesitadze）

地点：格鲁吉亚巴统

材质：不锈钢

尺寸：高 8 米

时间：2010 年

《阿里与尼诺》可以说是世界上最著名的雕塑之一，也是最为有创意的雕塑之一。坐落于格鲁吉亚小镇巴统（Batumi），原名《男人和女人》（Man and Woman）。由格鲁吉亚雕塑家塔玛拉（Tamara Kvesitadze）根据一本 1937 年的爱情悲剧小说《Ali and Nino》创作设计建造。故事讲述的是一个穆斯林男孩 Ali 和一位乔治王朝时期的公主 Nino 相爱但结局悲惨，类似于罗密欧与朱丽叶爱情悲剧。这是一座高达 8 米的移动雕塑，一对没有手臂的男女由一个个巨大的铁环组成。每天下午 7 点，两尊雕像会开始向彼此移动，相遇时，两尊雕像会穿过彼此的身体，慢慢背道而驰，最后孤独的待在自己的地点，整个过程大约十分钟。不论春夏秋冬，这凄美的一幕每天都会上演。

雕塑家塔玛拉说：这尊雕塑相拥和分离象征的是男女之间的爱情飘忽不定，悲欢离合，周而复始。事实

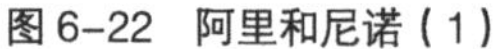

图 6-22　阿里和尼诺（1）

图 6-23　阿里和尼诺（2）

上，雕塑中的两人相拥并接吻的时间仅有短短的几分钟，大部分的时间，两人都处于分离的状态。

《Ali and Nino》这一大胆的尝试可谓是雕塑领域的一次创新，为后来者提供了一条更加广阔的思维之路。移动雕塑导入“时间”要素，将雕塑与运动结合，追求动态化的视觉呈现，强调艺术与科技的结合，拓展了传统雕塑的形态边界；这种形态上的拓展，有利于消解现代主义艺术精英与大众之间的距离，尽量让雕塑在视觉上更好看，在形式上更丰富、更有趣、更好玩，让观众乐于接受它们。

6.1.15 《斗战剩佛 · 孙悟空》（图 6-24、图 6-25）

作者：毕横

地点：中国武汉

尺寸：高 12 米

材质：钢、综合材料

时间：2017 年

艺术的当代性及民族化、中国化问题，是中国艺术百年探索仍未得到很好解决的问题，公共艺术作为一种较新的艺术形式，也面临着艺术全球化的影响与挑战，青年艺术家毕横对此有着深刻的理解和感悟。他认为在中国做文化、做艺术，就是要考验我们有没有一个能够贯穿古今中外、跨越时间和空间束缚的格局。艺术家以此作为毕生致力追寻的自我定位和奋斗目标，并为此进行自我训练和艺术实践。

孙悟空，家喻户晓的经典角色，他所诠释的西游记，其实是一本寓教于乐的关于人生悟道的“修行指南”。

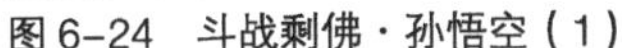
图 6-24　斗战剩佛 · 孙悟空（1）

图 6-25　斗战剩佛 · 孙悟空（2）

佛学是东方智者们对释迦牟尼与佛陀传世经典的整理与注疏，是奥意无穷又深入浅出的“宇宙百科全书”。科学是人类靠自力探索宇宙规律的知识体系的总和。现代人奔波于生活，真正的经典少人问津，斗战胜佛已渐渐成为斗战“剩”佛。末法时代，唯借西方实证科学的正信之火，方能炼出真“经”。这件反映佛学即是科学的作品，叫做《斗战剩佛》，“剩”是剩下的“剩”，因为忙碌的工作生活让我们对于精神层面的需求被降到最低。这是一个人工智能版的齐天大圣，这个大型的、机甲的孙悟空，机甲金刚，外形很帅，象征着来自西方的日新月异的尖端科技，而这个强大的庞然大物手中，推送和托举的却是一只安心修习禅定的小猴子，它象征着一直被忽视而又蕴含着巨大能量的东方的哲学系统，可以说是西方的躯壳与东方的智慧相融合。表达了用西方科学和东方哲学是可以互为论证、互为印证的。未来的东西方文化的发展趋势，应该是，东西方文化精髓的相互碰撞与融合，它的背后是一个更庞大的科学与哲学系统的海洋，可以无限地去做探索、延展、开发。

6.1.16 《会喷水的大象》（图 6-26、图 6-27）

作者：弗朗索瓦 · 德拉豪兹叶赫

地点：法国南特

尺寸：高 12 米

材质：综合材料

时间：2007 年

动态性装置因其生动的形象和互动性，近年来逐渐成为公共艺术的一种重要表现形式，法国艺术家弗朗索瓦 . 德拉豪兹叶赫的作品深受广大民众的喜爱。作为音乐家和工匠之子，弗朗索瓦集雕塑家、行为艺术家、设计创造者等多重角色于一身，擅长从多方位展示其精巧绝伦的机械设计能力。弗朗索瓦致力于丰富的艺术效果、机械美学、关系美学的表达，明确颠覆了惯用规则和常规叙事逻辑，带有一定社会性的表演方式使得

图 6-26　会喷水的大象（1）

图 6-27　会喷水的大象（2）

空间发生了变化。他主持设计的街头表演造型感比叙事性更强。

1999 年，弗朗索瓦 · 创办了 La Machine 公司，其后与皮埃尔 · 奥尔费斯一起合作了“南特机械岛”项目群。团队创意设计了非常震撼的作品。“机械长廊”“机械象”“海洋世界的旋转木马”等装置出现在小岛，12 米高的巨型大象模拟了真实大象的各个细节，不仅可以载着游人在机械岛内走动，还可以通过长鼻子向外喷水，使得南特这个原本工业化气息浓重的城市，逐渐转型为极具魅力的文化之城，艺术装置改变了原本居民单调的生活方式，观者们可以乘坐 12 米高的大象蹒跚而行，巨人们在街道行走，或者操纵机械巨鸟在人们头顶盘旋，驱使巨大的章鱼上下起伏，仿佛身处格列佛的巨人国，又仿佛身处凡尔纳的科幻世界。质感丰富的木质、皮质材料，钢铁机械的质感被强化，互动性、故事性在戏剧化的叙事中持续升温。现代感十足的机械运动艺术，饱含趣味的表演，点燃了观众的热情，激发了观众内心共鸣和参与热情。

弗朗索瓦说：“我喜欢人们能够清楚地看到机器内部，建筑构造，齿轮，滑轮，就像我们置身其中。”大量民众尝试去操作这些装置，作为表演的机器在极短的时间内，能引发人们强烈的感情共鸣，城市在此时已经成为一个全民参与的剧院，常规逻辑被破除，艺术激活了城市艺术，激活了城市，也点亮了生活。

6.1.17 《第七雕塑》（图 6-28、图 6-29）

作者：理查德 · 塞拉

地点：卡塔尔多哈伊斯兰艺术博物馆（MIA）新公园

材质：钢板

尺寸：24.38 米

时间：2011 年

理查德 · 塞拉是享誉世界的美国雕塑家，极简主义艺术大师。以金属板材组构壮观抽象雕塑而闻名。他以构成造型艺术最基本的元素：线、面、体积、重量与空间，营造了庄重大气，令人震撼的艺术气场。

理查德 . 塞拉开创性地探讨了艺术作品、空间与观众之间的置换关系。对公共艺术的空间和地点十分在意，他说：“我的大型公共雕塑作品只能被修建在有着信念和价值观来支撑这种事业需要的巨大劳动的地方。”

图 6-28　第七雕塑（1）

图 6-29　第七雕塑（2）

艺术家的地标性作品《第七雕塑》建于多哈伊斯兰艺术博物馆（MIA）新公园。这是一件由七片德国科尔坦钢板组成的巨作，高达 80 英尺耸立于空间，成为塞拉迄今为止最高的雕塑作品。

理查德 · 塞拉十分注重作品与公众之间产生的互动，“我的雕塑作品并不只是为了让观众停下脚步来看看的。传统雕塑习惯在雕塑本身之下安置一个基座，是为了将雕塑本身与观众分割开。而我想让我的雕塑作品在特定的环境背景下能够和观众互动。”他认为《第七雕塑》“作品的内容并非作品本身。作品的意义在于你身处作品之中的体验。而当你从远处看它，它又有了另一种意义。然而如果你对这一切都不以为然，那么它就是无意义的”。当观者从 3 个矩形的开口进入雕塑，并抬头望向顶端的七边形空隙。在白天，阳光投下阴影，能带给这雕塑更多的层次，而在夜晚的光照中，钢材呈现出一种朦胧的哑光蓝，薄薄的锈迹也闪耀着金黄色的光焰。这是需要运用直觉、情绪和心理去体会的作品，那些文字性的描述变得不必要。理查德 . 塞拉认为：去看就是去思考，如果你能改变人们观看的方式，就可能改变他们思维的方式。这是他的作品特别可贵的地方，而这正是他极简主义艺术的魅力所在。

6.1.18 《斑点狗》（SPOT）（图 6-30）

作者：唐纳德 · 利普斯基（Donald Lipski）

地点：美国纽约第一大道以东的第 34 街纽约大学儿童医院

材质：钢、玻璃纤维、无发动机真实汽车

尺寸：斑点狗高 11.58 米、出租车高 2.44 米

时间：2018 年

该雕塑位于美国纽约第一大道以东的第 34 街，是专为纽约大学一所儿童医院设计的。这所新儿童医院于 2018 年 7 月开放，也是《斑点狗》的永久居所。雕塑由玻璃纤维和钢制成，11.58 米高的雕塑斑点狗，用鼻子平衡一辆 2.2 米左右的真实出租车，堪称异想天开。雕塑旨在为儿童医院的访客提供一个轻松的欢迎标志。艺术家唐纳德 · 利普斯基认为：艺术具有真正的治愈力量。创立这件令人愉悦的艺术作品，同时也是为了向哈森菲尔德（Hassenfeld）家族（美国玩具商孩之宝创始人）致敬——哈森菲尔德家族是这所新医院的主要捐助者。出租车是由汽车制造商捐赠的一辆真实的丰田普锐斯，虽然没有发

图 6-30 斑点狗

动机、变速箱和座椅等，但挡风玻璃刮水器和指示灯什么的都能正常工作，利普斯基希望这个真实的机械，能给人们增添乐趣。

这不是利普斯基第一次进入纽约公共艺术舞台，这位受人尊敬的美国艺术家从 20 世纪 90 年代初开始，就一直在制作大型公共艺术品。他觉得能够为孩子们做这样一件事是一种荣幸。如此令人震撼的艺术，使那些来到严肃场合就紧张的孩子们分心，变得不那么紧张。父母、医生、护士和工作人员以及邻居们，都会被这个顽皮的英雄小狗感动。艺术具有真正的治愈力量，这是事实。需要说的是，这所医院在利普斯基的隔壁，他可以从露台上看到这座雕塑，每天从工作室回家的路上都也会看到。对于利普斯基来说，这是特别的荣幸和愉悦。

6.2 多种场域中不同形态的公共艺术

作为空间造型艺术的公共艺术，越来越多地出现人们的视野中，改变着城市和自然的风景线，潜移默化地播撒文化艺术的种子，改变着民众的审美情趣。公共艺术实施的空间场域也越来越大而多样，除了室外空间的大型雕塑，在公园、绿地、航空港、地铁、客运站等交通枢纽、商业设施、游乐设施、卫生体育设施，一般都会有各种形式的公共艺术参与其中。纪念性、象征性、商业性、标志性、陈列性、装饰性、寓言性、趣味性等多种功能的公共艺术，赋予城市空间以人文色彩，自然环境由于艺术力量的介入，与人的关系更加和谐美好。

各种场域中公共艺术的形态多样，展现出人的无穷创造力和艺术家天才的想象力，令人叹为观止。

6.2.1 《越战纪念碑》（Vietnam Veterans Memorial）（图 6-31、图 6-32）

作者：林璎（Maya Ying Lin）

地点：美国华盛顿特区大草坪

材质：黑色花岗岩

尺寸：长 152 米，碑体最高 3 米

时间：1982 年

《越战纪念碑》位于美国华盛顿特区国家大草坪，它是美国华裔女设计师林璎的杰作。

《越战纪念碑》是一个极简主义的造型，俯视纪念碑平面，为一个放大了的 V 字形，按照林璎的解释，好像是地球被（战争）砍了一刀，留下了这个不能愈合的伤痕。“伤痕”总长 152 米，深陷于大片草坪中，绿地衬托碑体。纪念碑中轴深为 3 米，两面如镜面一样抛光的花岗岩墙体，两墙交汇成 125 度 12 分角，左

图 6-31　越战纪念碑（1）

图 6-32　越战纪念碑（2）

右墙体分别指向林肯纪念堂和华盛顿纪念碑，通过借景的方法，让人们时时感受到纪念碑与这两座象征国家的纪念建筑之间密切的联系。墙体向东西两边延伸，逐渐收窄，直到地面消失。伸入大地之中的碑体，绵延而哀伤，场所的寓意贴切、深刻。

纪念碑主体使用的黑色的花岗岩来自印度，在美国佛蒙特州切割，在田纳西州镌刻。熠熠生辉的黑色大理石墙上，依每个人战死的日期为序，刻着美军 57000 多名 1959—1975 年间在越南战争中阵亡者的名字。这些姓名都一般大小，每个字母高 1.34 厘米，深 0.09 厘米，用于纪念越战时期服役于越南期间战死的美国士兵和将官。林璎在设计纪念碑时，刻意不去研究越南史和越战史，因为不是只有死者才被纪念；不是因为他们是英雄，而是因为他们也是受害者。能看到超过五万八千个名字，隐藏在每个名字后面或旁边，他们都有母亲、父亲、妻子或儿女，他们的生活将永远被那战争摧毁。而在这些名字的背后，还有他们在越南的杀戮和毁灭，有着 200 多万越南人的死难。

林璎的设计在众多设计师的作品中获得第一名，引起各界巨大的争议，经过反复协商、比较，林璎的方案无疑是最棒的。她的设计如同大地开裂接纳死者，具有强烈的震撼力。建成后 V 形的黑色花岗岩线条，与倾斜的土地逐渐融合，成为世界建筑史和公共艺术史上一件不朽的名作。

6.2.2 《位相——大地》（图 6-33）

作者：关根伸夫

地点：日本神户须磨离宫公园

材质：泥土、水泥

尺寸：直径 2.2 米、深 2.7 米

时间：1988 年

图 6-33　位相——大地

关根伸夫是日本“物派”艺术运动的代表

人物，并以《空相》系列作品享誉世界。1968年第一届日本现代户外雕塑展，在神户须磨离宫公园举行，关根伸夫做了一件作品叫“位相——大地”，他在须磨离宫公园内挖出一个深2.7米、直径2.2米的圆坑，而挖出的泥土被塑造成与圆坑大小一样的圆柱体。在土层间加入水泥，并压制一个巨大的圆柱体，矗立在大地上的圆柱体与其旁的深洞形成了对照。这件作品最后的举动是将土回归到它原本所属之大地（土圆坑）。

关根伸夫的作品深受禅宗哲学的启发，将拓扑学（位相几何学）的理论结合艺术实验，探讨物事经过变形却不变质的状况下，其本质在不同角度所呈现的多元观感，以及人与物之间的关系改变。每天以挖开、回填、捏揉土地，似乎意味着透过这样的仪式，能够改善甚至能够转变事物及空间。

关根伸夫比较乐意让物体呈现出“自在状态”，使空间、物质、观念构成一个综合体。在他看来，环境艺术强调的是一种空间的动感，它既是社会空间，也是艺术空间，这两者都是与人的活动有关。他的创作主题不仅源自鸟居和凯旋门，而且源自寺院的大门、鸟羽之海的夫妇岩、神殿的柱子。他吸收了传统文化的空间因素，并把它们主观地转移成了一种新的语言。

《位相——大地》是日本“物派”艺术运动的肇始和象征，也是当时最具代表性的日本艺术创作之一，对亚洲地区日后的大地、装置、极简艺术发展有显著深远的影响。

6.2.3 《皇冠喷泉》（图6-34、图6-35）

作者：乔玛·帕兰萨

地点：芝加哥千禧公园

材质：大理石、玻璃砖、LED灯光等综合材料

尺寸：15.2米

时间：2000年

芝加哥千禧公园的皇冠喷泉是西班牙雕塑家乔玛·帕兰萨的代表性作品。帕兰萨认为，塑造城市的灵魂是无比重要的，一件在公共空间中的概念雕塑，首先不仅仅要对美有所认知，还需要进一步思考如何将作品所表达的信息传达到位，并尽可能走得更远。帕兰萨擅长打破所谓的传统思维，他将全新的材料介质引入到现代雕塑艺术的思考和创作当中。作为艺术家，帕兰萨较多地关注人类生存与全球化的主题，通过铜、钢、合成树脂、声音、塑料以及灯光等介质来实现他的探索。皇冠喷泉由黑花岗岩制成倒影池，两侧是两座约15米高的玻璃砖建的塔楼。

在这件作品中，乔玛·帕兰萨突破传统喷泉的设计手法，在突出“水”主题的前提下，艺术性与科技性的结合，目标是建造一个可营造当地环境自然特性的、与社会有关联的、面向21世纪的互动喷泉。

两座塔相对的玻璃砖形成的屏幕，两个似乎正在彼此“交谈”的人脸随机播放在塔的LED屏幕上。人脸视频，来自于对约1000位芝加哥各阶层人脸图像的采集，透过电脑控制LED灯光色彩，水流从不断变化着的人嘴中喷涌而出。变换多样的人脸，是对芝加哥不同种族和年龄段人群，多样性特征的体现，反映出城市社会文化的演变。

乔玛·帕兰萨这样描述了他的作品：“喷泉是自然的记忆，一种山间小溪美妙的声音被引入了城市之中，对于我来说，喷泉不仅仅是水的喷射，它更多地意味了生命的起源。”

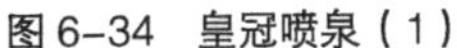
图 6-34　皇冠喷泉（1）

图 6-35　皇冠喷泉（2）

图 6-36　悬浮喷泉

6.2.4 《悬浮喷泉》（图 6-36）

作者：野口勇

地点：日本大阪

材质：不锈钢板

尺寸：7.6 米

时间：1970 年

悬浮喷泉是由日裔美国人、著名艺术家兼景观建筑师野口勇为 1970 年在日本大阪举行的世博会而创作。这些精巧的喷泉看上去仿佛就像飘浮在空中一般，设计看起来就很魔幻，配上喷涌的水流，更是独一无二的魔幻。但实际上，它们是由来自河流的隐藏管道和一些构件支撑的，喷涌下泻的水流遮蔽了管道，看似能高悬在半空。

6.2.5 《螺旋形的防波堤》（Spiral Jetty）（图 6-37、图 6-38）

作者：罗伯特 · 史密森（Robert Smithson）

地点：美国犹他州的大盐湖边

材质：各种石头、垃圾土

尺寸：螺旋中心离岸边长达 46 米，总长度 500 多米，顶部宽约 4.6 米

时间：1970 年

在公共艺术各种形式中，大地艺术是一种最具有震撼力的表现形式，罗伯特 · 史密森是美国非常著名的大地艺术家。他厌恶工业文明，是一个十足的悲观主义者，认为工业文明带来了种种负面的影响，“冷冰冰的玻璃盒子……陈腐、空洞、冰冷”这一切主宰着美国的城市。因此他希望能与大地对话，去寻找新的艺术创作方式。他从大地艺术中发觉了协调生态与社会之间矛盾的功能，也对大地艺术创作产生了更加浓厚的兴趣。史密森迫切希望回到自然的荒野中去，寻找人与大地和谐的关系。从此，乐此不疲地投入大型的户外艺术创造活动。

罗伯特 · 史密森选择在美国犹他州的大盐湖边一个荒凉的沙滩上筑起《螺旋形防波堤》，方法是把玄武岩等各色石头和垃圾，用推土机倒在盐湖红色的水中，形成一个螺旋形状的堤坝，这个庞然大物占地十英亩，螺旋中心离岸边长达 46 米，所有长度加起来有 500 多米，顶部宽约 4.6 米。从空中鸟瞰这个广阔荒凉的沙

图 6-37　螺旋形的防波堤（1）

图 6-38　螺旋形的防波堤（2）

滩上的庞大画作，或是欣赏图片时，我们仍能感到它那不可思议的震撼和美感。

史密森是个特别喜欢螺旋形的人，他的代表性大地作品除了《螺旋形的防波堤》外，还有《螺旋形山丘》等。在盐湖建造这么一个漩涡图形，源于盐湖城先民的一个古老传说。因为在很久以前的盐湖城先民中，曾流传过盐湖通过一条暗流与太平洋相连，这条暗流不停吸入流水，在水面上形成了许多强大的漩涡水纹的说法。史密森嫁接了这个传说，使这个宏伟的“巨作”披上了神秘的色彩，也使这幅作品生动起来，充满了人文气息。美国犹他州参众两院核准了一件经典大地艺术作品的“官方身份”，《螺旋形防波堤》被认定为国家官方艺术品。这件作品也是世界范围内，最经典的十件大地艺术作品之一，具有极强的国际辨识度。

6.2.6 《LOVE》（爱）（图 6-39）

作者：罗伯特 · 印第安纳（Robert Indiana）

地点：美国纽约的雕塑位于中城区 55 街和第六大道的交汇处

材质：不锈钢喷漆

尺寸：4 米

时间：1970 年

纽约中城区 55 街和第六大道的交汇处，立着著名的雕塑“LOVE”，它是被誉为美国波普艺术运动“英雄”的艺术家罗伯特 · 印第安纳的作品。他的作品构成多源于大众传媒、流行文化和商业广告这些非抽象表现主义的元素，这些在当时与众不同的艺术特征，使他的作品更富有诗意和叙事性。印第安纳的许多作品都包含字符，例如使用“EAT”“HUG”和“LOVE”等，他所使用的这些字母和数字简明又清晰，并且在消解原有意义的同时也萌生了新的含义。

“LOVE”最早是罗伯特 · 印第安纳为纽约现代艺术博物馆（MOMA）设计的圣诞卡片，罗伯特 . 印第安纳把“L–O–V–E”四个字母排成上下两排，LO 叠加于 VE 之上，形成一个四方结构，而字母 O 被轻轻地推倒，斜靠在了 L 的身上。字母颜色为正红色，背景则是绿色和蓝色，它们来自印第安纳非常欣赏的埃斯沃斯 . 凯利（Ellsworth Kelly）的作品，同时也迎合了圣诞的节日主题。由于与当时的时代主题以及流行文化高度契合，这座雕塑很快成为美国人的精神标志物。以费城的这座红色 LOVE 为模板，多座美国城市和著名大学都复制了 LOVE 雕塑。纽约、新奥尔良、拉斯维加斯等都有 LOVE 在繁华的街道边、宁静的校

图 6-39　LOVE

图 6-40　水仙花园

园里或博物馆的大门前醒目的伫立着。而如今，这座雕塑不只遍布美国境内，而且有几十个不同的版本遍布于中国台北、马德里、上海、东京、耶路撒冷等大都市，成为波普艺术在建筑与景观中体现的经典范例。在人们心中，波普艺术面向大众、反传统艺术、幽默诙谐、甚至有时包含一些恶俗……但在传播最广的这件作品《LOVE》中，不论什么国籍、什么种族的观众，都会感受到相通的温暖。这或许便是几十年来《LOVE》被不断复制、反复传播的原因之一。

6.2.7 《水仙花园》（Narcissus Garden）（图 6-40）

作者：草间弥生

地点：美国纽约皇后区洛克威半岛昔日美军基地已废弃的火车修理厂

材质：镜面不锈钢球

尺寸：1500 钢球，尺寸视空间而定

时间：2018 年

草间弥生作为日本当代最具世界影响力的艺术家，她的艺术手法和作品，都带有鲜明的个人艺术风格和烙印。最为人们熟知的是她作品中几乎无处不在的圆点，这些圆点无线重复反复交织、不断变化，大面积铺陈覆盖，成为草间弥生最强有力的标志性艺术特点，也成为"波点女王"皇冠上的颗颗明珠而熠熠生辉。圆点作为草间弥生艺术风格的最基本粒子，除了在平面绘画、装置覆盖中无限重复地出现，在她的装置作品中也以圆球的形态，大面积、多次运用。以圆球为基本元素创作的《水仙花园》，就是草间弥生最具代表性的装置作品之一。

1966 年，第 33 届威尼斯双年展上，草间弥生携大量的圆球，参加非官方表演，一部分球体以每个 2 美元的价格出售。2018 年 9 月，《水仙花园》再度登场位于美国纽约皇后区的洛克威半岛（Rockaway Peninsula）。草间弥生这次再创作的《水仙花园》作为 2018 年公共艺术节的一部分，免费展出，该装置位于一座美军废弃的旧火车车库内，由 1500 个镜面不锈钢球体组成，挤挤密密铺陈在废弃的车库内，每个球体的受光面反射着涂鸦覆盖的墙壁以及破旧建筑的生锈横梁，场面相当壮观和震撼。当人们进入闪亮的花园中时，即能看到 2012 年飓风桑迪途经此地时对建筑物和地区造成的破坏。此后，洛克威半岛来一直在进行灾后重建工作，还多次为此设置节日庆祝"恢复的成果"。但草间弥生装置选择的建筑物的现状表明，在大自然的破坏之后，事情仍然没有恢复至之前的状态，多少有些讽刺意味。

6.2.8 《梦之柱》（Pillars of Dreams）（图 6-41、图 6-42）

作者：美国建筑工作室：马克 · 福尼斯

地点：北卡罗来纳州夏洛特市 Valerie C. Woodard 中心广场上

尺寸：高 8.7 米

材质：超薄铝制结构

时间：2018 年

《梦之柱》是一个高达 26 英尺的云状装置，被安装在北卡罗来纳州夏洛特市，最新装修的 Valerie C.Woodard 中心广场上。梦之柱的整体造型像是由空气填充的膜结构，该装置的表皮共有两层，拥有迷宫般的独特形式，实际上是由超薄铝制结构围合而成。从远处看，整个装置呈现出一种柔和的色调。像气球一样飘浮，如云朵跌落人间。

街道上的行人，会被其独特的外观所吸引而走近它，在天篷较为宽敞的位置设置一系列开口，并在双曲率表皮的接缝处，或是双曲率表皮分化为九个空心柱的位置逐渐收缩。白色外表皮隐藏了其内部丰富的颜色。内部的蓝色透过白色外表皮上的开口显露出来，空间中营造出一种极具动感的氛围。从内部看，装置的颜色会逐渐变深，最终被空间内部的丰富色彩而包围。内部空间色彩丰富，阳光在这里创造出迷人的光影效果。结构上的开口能透出内部的底色，来自天空光线投射在装置上，与空洞中丰富多彩的底色，交互辉映出梦幻般的变化。

开放式的空间，使这个奇特而活泼的艺术装置，具有了很好的功能性，在这些色彩与光线相遇的拱形下面，成为当地人聚集、互动的场地。它可以承接展览或聚会活动，为当地政府开辟了新的公共场所，为居民提供了休闲空间。人们可以沿着装置的长边悠闲地散步，也可以借助错列的支撑柱玩捉迷藏的游戏，或者就坐在天篷下，享受片刻的宁静时光。

6.2.9 《鹅卵石》（The Pebble）（图 6-43）

作者：文森特 · 勒罗伊（vincent leroy）

地点：巴黎大皇宫

材质：综合材料、充气镜面

尺寸：椭圆形充气悬浮动感装置

时间：2017 年

公共艺术家文森特 · 勒罗伊有着法国人特有的沉静与浪漫，他喜欢在大城市里看不同的人，看窗外来回穿梭的交通工具。他观赏者各种物体在空间中流动变化的镜像，从中寻找装置艺术创作的灵感。他一直将运动作为其艺术作品的创作源泉，通过动力学、运动学等机械知识让自己所创作的最简单的线条、圆形、几何图形以最缓慢的循环方式动起来。文森特 · 勒罗伊在巴黎大皇宫创作出一个浮动的巨大椭圆镜“Pebble（鹅卵石）”。

装置的体型非常之大，几乎占据了展厅的大部分空间，反衬得镜像中人如蝼蚁。勒罗伊以柔和、稳定和

图 6-41　梦之柱（1）

图 6-42　梦之柱（2）

图 6-43　鹅卵石

连续的流动形态，构建了装置自然和谐的内在韵律，漂浮在大皇宫殿堂的空间里。他利用钢索与相关设备让作品细细转动，打破了一般艺术展览品静止不动的常规。映射在装置表面的真实世界，如呼吸般轻盈，于视觉和知觉中温存，它仿佛就是空间的一部分。人影在椭圆球面的镜像中映射和移动，并最终消逝，渐隐于某一个尽端，此时观赏的人也不知不觉忘了身在何处。

勒罗伊的艺术作品是介于诗歌、技术和精神自由之间的游离体。他享受时间的放缓，热衷于将眼前的每一个动态元素分解。他的作品不仅是视觉上的，也是赋予整个感官的体验，将每一位观察者的思想、身体与灵魂吸引。该装置伴随着轻柔的背景音乐一同呈现。看过文森特 · 勒罗伊的作品之后，你可能就会发现生活处处皆艺术。他的作品不只是视觉上的存在，更是体验式的，与思想、身体和灵魂互动的艺术。

6.2.10 英国古德伍德速度节公共艺术（图 6-44、图 6-45）

作者：杰里 · 犹大（Gerry Judah）

地点：英格兰南部西萨塞克斯郡古德伍德镇

材料：钢构钢板、汽车

尺寸：白色曲线路途长 150 米

时间：2012 年

一年一度的英国古德伍德速度节，在英格兰南部西萨塞克斯郡的古德伍德镇每年举办一次。每次都会做一个巨型雕塑来庆祝这个节日。而杰里 · 犹大就是设计、创造这个节日主题雕塑的专业户。每年都有不同的汽车公司赞助古德伍德速度节的主题雕塑。2012 年是第 16 次举办，主题雕塑仍由杰里 · 犹大规划。赞助商是莲花汽车（Lotus），在中国大陆又译名路特斯（Lotus Cars），是一家源自英国的跑车、赛车制造商。该公司设计制造的赛车，重量极轻并拥有传奇性操控特色，享有划时代的盛誉。

杰里·犹大的雕塑创意，将赛道设计为穿插环绕的结，形似洁白的莲花，非常壮观。白色曲线路途长 150 米，6 辆 Lotus 经典跑车放在上面。赛道不断改变的曲面由平面板材拼接而成，雕塑的实体部分只占体积的 2%，其他 98% 都是空的。这一内部空心重达 60 吨的雕塑，由钢板组合而成，每片钢板的边缘已被链接成三角形的截面，能够自我支撑，不再需要多余的内部框架。

杰里 · 犹大这个白莲花般盛开的作品，成 2012 年英国古德伍德速度节公共艺术的一个经典。

图 6-44　英国古德伍德速度节公共艺术（1）

图 6-45　英国古德伍德速度节公共艺术（2）

图 6-46　气象计划

6.2.11 《气象计划》(The weather project)（图 6-46）

作者：奥拉维尔 · 埃利亚松

地点：英国泰特现代美术馆

材质：钢、铝、单频灯、镜箔

尺寸：可变

时间：2003 年

奥拉维尔 · 埃利亚松，是一位涉猎广泛的视觉艺术家，他的创作包括装置、绘画、雕塑、摄影、电影等媒介创作。

奥拉维尔 · 埃利亚松出生于丹麦哥本哈根，拥有一半丹麦、一半冰岛血统。对大自然有一种天生的敏感，被视为艺术家中的科学怪才，他要借自然之手、科学之手，创造出一个个气象万千、光怪陆离的气象奇观，创造一个“太阳”是艺术家的奇特的想法，一支由建筑师、物理学家、化学家、色彩研究者、生物工程和专业的搭建部门等组成工作室，为埃利亚松提供技术支持，使一系列奇妙的作品得以实现。

2003 年，奥拉维尔 · 埃利亚松在英国泰特现代美术馆，实施了作品《气象计划》，这被人们视为埃利亚松近年来的标志性作品。在这件作品中，奥拉维尔 · 埃利亚松试图在泰特的涡轮大厅（Turbine Hall）中，营造出天空和太阳的壮观景象，为此他用空气加湿机把水制成大雾，犹如伦敦城中常见的那样，用数百个纯黄光色的单频灯，组成一个巨大的半圆光盘，并把大厅的天花板改造成了镜面，形成了完美的反射。

作品最终的效果令人难忘，很多参观者或坐或躺在展览现场的地面上观望着雾气中昏黄的“太阳”，并寻找头顶镜面中自己的倒影，享受着“日光浴”，犹如置身梦中。许多观众在这壮丽的景观面前流连忘返，甚至多次进馆参观，据说展览期间吸引的参观者数量累计达两百万人次。

6.2.12 《勺子桥和樱桃》（Spoonbridge and Cherry）（图 6-47、图 6-48）

作者：克莱斯·奥登伯格（Claes Oldenburg）

地点：美国明尼阿波利斯明尼苏达州公园

材质：不锈钢喷漆

尺寸：高 9 米，长 15.7 米，宽 4.1 米

时间：1988 年

克莱斯·奥登伯格是战后最具创意的艺术家之一，是波普艺术家中最激进、最富有创造性的一个。奥登伯格的作品不仅通俗易懂，让人容易接近，而且是波普艺术中，唯一在全世界留传下来的公共艺术作品。美国特有的大众文化土壤，使得波普艺术的诞生和勃兴都源自美国，奥登伯格的创作是植根于美国消费文化的、带有鲜明波普色彩的艺术。

克莱斯·奥登伯格最具影响力的创作，是对最为常见的普通物品进行放大化的艺术再现。他似乎想把日常生活中，所知所见的任何物品都转化为艺术品。克莱斯·奥登伯格认为：使用质朴的仿制品，这并不是由于艺术家缺乏想象力，也不是出于"搞艺术"的企图，而是通过毫无做作的质朴创作，去充实它们的强度，精心处理它们的关系，达到有一个教诲性的目的，即要人们习惯于普通物品的威力。

奥登伯格以幽默的方式，创作出大量带有童趣的作品，以极度夸张的尺寸仿制日常用品，并把它们矗立在街头，没有生命的日常物品转眼间变得具有趣味性。生活用品巨型化而显得气势磅礴，使世俗的东西转化为一种场所化的雕塑，呈现在人们面前的不是巨大而严肃的纪念碑，而是巨大的玩具。他将其称之为"雕塑纪念碑"，并希望通过它们来取代那些传统的古典庄严的纪念性雕塑。奥登伯格改变了人们正常的审美观念。让人们认识到雕塑是快乐的东西。

奥登伯格的作品在轻松明快通俗易懂的表面下，具有深刻的哲学层面的思考，是艺术家基于消解艺术与生活界限的波普精神而进行的具有后现代主义特点的严肃艺术创作。是个人艺术与公共艺术结合的范例，在公共艺术领域取得了巨大的成功，并产生了深远的影响。

图 6-47　勺子桥和樱桃（1）

图 6-48　勺子桥和樱桃（2）

6.2.13 《大黄鸭》（Rubber Duck）（图 6-49）

作者：弗洛伦泰因 · 霍夫曼（Florentijn Hofman）

地点：全球多座城市

材质：塑胶

尺寸：26m × 20m × 32m

时间：2007 年

弗洛伦泰因 · 霍夫曼 1977 年出生于荷兰，尤为擅长在公共空间创作巨大造型物的艺术项目。大黄鸭是由其以经典浴盆黄鸭仔为原型，创作的巨型橡皮鸭艺术品系列。先后制作有多款，其中一支是世界上体积最大的橡皮鸭，尺寸为 26m × 20m × 32m。

自 2007 年第一只“大黄鸭”诞生以来，霍夫曼带着他的作品从荷兰的阿姆斯特丹出发，大黄鸭先后造访了许多国家地区和城市。大黄鸭在所到之处都受到了很大关注，也为当地的旅游及零售业带来了极大的商业效益。

作为公共艺术家的霍夫曼，想把世界当作游乐场，发展出公共空间与大众的多种可能关系，让艺术为生活带来一种“巨大”的惊喜。

霍夫曼曾表示身处快节奏时代的人们渴求简单、快乐，这是“大黄鸭”走红的原因之一。“大黄鸭”是“一只没有边界的鸭仔，它不歧视他人，没有任何政治内涵。它非常友好地漂浮在水面上，治愈人们的心灵，鸭仔是柔软的、友好的、适合所有年龄”。他希望通过自己的作品能让人们重拾纯真的视野，释放人性中最本能的快乐。站在又大又萌的造型物旁边的成人们也瞬间变成“小孩子”，重拾童年的纯真和快乐。

6.2.14 《像我们一样》（As We Are）（图 6-50、图 6-51）

作者：马修 · 莫尔（Matthew Mohr）

地点：美国俄亥俄州哥伦布市会议中心

材质：LED 显示屏、LED 板面、LED 灯

尺寸：人头型高 4.26 米

时间：2017 年

多媒体互动技术是一种新兴的艺术形式，具有其他艺术表现形式无法比拟的信息传播的多样性、公众参与性和实时互动性。契合了当今城市文化发展需求的同时又赋予公共艺术新的表现形式、参与体验与审美特征，为公共艺术的发展提供了新方向。

艺术家马修 · 莫尔及他的团队，做了这件名为《像我们一样》的多媒体公共艺术装置，置放在美国俄亥俄州哥伦布市会议中心。这是一个被人们称之为一个“自拍神器”多媒体艺术装置，采用了 3000 个定制的 LED 面板和超过 8.5 万只 LED 灯，最终形成一个巨大的 3D 立体头像雕塑。

这个高 4.26 米的类似雕塑装置，在造型上，是项目组通过研究比对了 50000 人（包含所有种族与性别）的全 3D 数字照片的数据，将装置设计分割为 24 层来组成，力求这个模型可以照顾到各类种族与性别。观

图 6-49　大黄鸭

图 6-50　像我们一样（1）

图 6-51　像我们一样（2）

众可以从雕塑背后，走进一个充满着 29 台摄像机的“小黑屋”，在这里享受私人的自拍体验。程序自动合成这 29 张照片，形成一个 3D 的模型“贴图”，系统还可以允许稍微调整眼睛、鼻子等，以更好地适应整体脸部造型。这时候你出去再看，雕塑上的那不正是自己么！

艺术家的初衷是希望通过这件互动性的装置，使得人们更加认识自我，探讨如何表达自己。不同的性别、种族、身份，在这里都是平等的。在提供娱乐的同时，可以引发社会媒体通过公共艺术这样的形式引发大众的讨论与思考。

6.2.15 《无界》（图 6-52、图 6-53）

作者：董书兵

地点：中国甘肃省酒泉市瓜州县戈壁滩

材质：钢管、扣件

尺寸：长 60 米，高 21 米，宽 40 米

时间：2018 年

《无界》是中国雕塑家董书兵在甘肃省酒泉市瓜州县戈壁滩上完成的大型公共艺术作品。作品主体由一个“主殿”和四个“阙楼”构成，总长度 60 米，高 21 米，宽 40 米。整体造型符合中国传统建筑中殿宇的格局结构，呈中心对称式。作品共耗用标准长度 6 米的钢管型材约 6300 根，裁切成 17 种不同尺寸，连接扣件约 3 万个。

在创作意图上，作者有意冲破想象的桎梏，排除色彩可能带来的愉悦以及对盛大、繁华的执念，因此《无界》在造型语言上是简约、纯净的。直白的钢管在焦色的大漠与湛蓝的天空中肆意组合、天地无碍。简约的造型，单纯的色彩，再加上置于戈壁的特殊地点，使《无界》仿佛一个独立于主宇宙之外的次级宇宙，同时

图 6–52　无界（1）

图 6–53　无界（2）

也是一个未完成的世界——扣件式脚手架钢材的组合成型方式，使作品始终呈现一种构建进行中的视觉印象。

随着创作过程的逐渐推进，《无界》在戈壁滩上出落得愈发超凡脱俗，隐隐透露出不与浊世为伍的清高与出众，在时空深处，敛容屏气，无忧无惧。

6.2.16 《星空》（图 6-54、图 6-55）

作者：广州美术学院、广州财经大学联合创作团队，张可乐、洛鹏、郤玥

地点：吉林市玄天岭清真美食商业街

材质：304 号 8 K镜面不锈钢

尺寸：10m × 10m × 12m

时间：2017 年

《星空》是一个大型风动艺术装置。其所处位置是吉林市旧城街区的一个街口，出于旧城改造的需要，整个街区拆除重建，需要有一座大型的公共艺术作品作为标志性形象，以彰显地方历史文化，艺术家创作了大型风动艺术装置《星空》。

艺术家选取伊斯兰风格的建筑符号作为创作动机。其重要原因是，街区两边为回族友好社区，建筑艺术是伊斯兰艺术中重要的艺术形式之一，伊斯兰建筑风格这一视角有助于加深了解伊斯兰文明。伊斯兰建筑奇想纵横，庄重而富变化，雄健而不失雅致。该公共艺术作品选取最为经典的伊斯兰建筑作为基本的造型符号，借助建筑艺术语言彰显伊斯兰经典文化象征。街区的端头成为整个空间序列的标志性入口。穿过一公里长的商业街区另一端，是保护完好的历史建筑伊斯兰牌坊，首尾两端一虚一实，一传统一当代，遥相呼应。所展现的艺术手法恰恰是古、今的对比与对话关系。

在雕塑的语言表达上，该作品通过不锈钢镜面材质，不锈钢建筑框架及伊斯兰平面装饰图案以镂空的形式组合而成，不锈钢镜面对于周边美景的反射再加上其本体通透的图案处理手法，似乎是伊斯兰建筑作品的影子一般轻盈通透，在阳光的映照下亦真亦幻、光彩绚烂、变化多端，海市蜃楼般的呈现。夜晚雕塑的灯光

图 6-54　星空（1）

图 6-55　星空（2）

亮起，自内而外透出美妙的灯光渐变。

雕塑采用中空形式，游人穿梭于其中，一动一静尽显公共艺术作品与人的互动性这一核心理念。整体远观效果会形成一个闪烁颤动着的地标。雕塑的每个片状构件都可以做细微活动，当风吹来时每个金属片构件会像树叶一样沙沙颤动，在夜色和灯光下熠熠闪烁，宛若星空。整体远观效果会形成一个闪烁颤动着的地标，用以取代时空观，场所与情境构成了存在的条件，使人于空间中产生互动与情感交流。雕塑与周边街道和谐地融合在一起，成为整个空间序列的标志性入口。

6.2.17 《被撕裂的房屋》(Six Pins and Half a Dozen Needles)(图 6-56、图 6-57)

作者：亚力克斯 · 齐内克（Alex Chinneck）

地点：伦敦西南部哈默史密斯自治市

材质：建筑物、红砖

尺寸：12 米

时间：2017 年

每当人们走过伦敦西南部哈默史密斯自治市的一个街区时，会吃惊地看到一栋“危楼”。12 米高的红砖外墙从中间裂开两半，摇摇欲坠。这是英国知名雕塑艺术家亚力克斯 · 齐内克脑洞大开的产物。在他异想天开的构思下，一个个超现实建筑出现在人们的视野中：上下颠倒的伦敦阁楼，漂浮着的房子，被吹歪的铁塔，等等。这些模糊了建筑与雕塑边界的作品吸引了众人关注，它的创意设计者也因此成为英国皇家雕塑家协会最年轻的成员。

亚力克斯 · 齐内克作风大胆反叛，以戏剧性角度“介入”城市里的景色而闻名。他最擅长的就是在作品中灵活地运用材料和构造的特性，模糊建筑与雕塑之间的界线，创造出一系列迷人有趣的幻象。他的第一件装置艺术作品为《被撕裂的房屋》。这片区域过去是出版公司的员工公寓，现在是一栋混合办公楼。鉴于这段历史，亚力克斯 · 齐内克将这栋高 20 米的红砖墙，做成了被撕开的书页的形状，并进而延伸至天际，像

图 6-56　被撕裂的房屋（1）

图 6-57　被撕裂的房屋（2）

是从天空劈下一道落雷，切割了建筑的红砖墙面，在制造冲突与对立的同时，又具有一种修复的意味，也是向建筑的前身致敬。

艺术家长时间研究纸张撕裂后的纹路，并将裂纹扫描数码化后，交由砖瓦制造商定制5000块红砖，与切割师和结构工程师将切割后的砖块放到钢质框架上，用螺栓连接，并焊接到建筑物上。砖墙之间的缝隙并不是传统的水泥砂浆，而是 1000 个独立的不锈钢部件，作品耗时 14 个月才完工，将成为这里的永久地标。

6.2.18 《红球计划》（Red Ball Project）（图 6-58、图 6-59）

作者：库尔特 · 珀西科（Kurt Perschke）

地点：世界各地巡展

材质：塑胶

尺寸：4.57 米、重约 113.4 千克

时间：2001 年

放大司空见惯的某个物品，是公共艺术创作中的常用手法，艺术家们异想天开地做出种种构思和设计，来“抓眼球”和“吸睛”。来自美国布鲁克林的艺术家库尔特 · 珀西科创作了一只直径 15 英尺（约 4.57 米），重 250 磅（约 113.4 千克）巨大红球，带着它从洛杉矶到巴黎、到珀斯、到中国台北，在世界各地巡展。

库尔特 · 珀西科独特之处在于呈现这个大家伙所选择的场域和空间，他没有把大红球放在寻常的开阔空间，而是出人意料地，时而被嵌入悬索桥中间，时而小心翼翼地挤入建筑之间，时而藏身于各式厅堂之内，或是受到挤压后，胖乎乎的躯体从建筑物后面跌坠下来，处于一种尴尬、逼仄的有趣状态。公共艺术这一点正是宇宙中最可爱的，它是无生命的观者，看起来也正是如此。

艺术家库尔特 · 珀西科才是这个鲜艳的大红球的真正指挥着，巨型红球按照艺术家的意志到处游走，和各色人等亲密接触，每天给人们日常的生活带来全新的催化剂。艺术家认为：“表面上，似乎是球本身作为

图 6-58　红球计划（1）

图 6-59　红球计划（2）

图 6-60　光照融融（1）

图 6-61　光照融融（2）

对象的经验，但这个项目的真正力量是，谁可以创造那些经验……该项目的影响力是每一个城市都可能被受邀招标，随着时间的推移，这个持续发展的故事，揭示了我们作为个体以及文化的想象力。”

6.2.19 《光照融融》（Aglow）（图 6-60、图 6-61）

作者：利兹 · 韦斯特（Liz West）

地点：巴黎蒙多博物馆

材质：丙烯酸树脂碗（169 只）、荧光灯

时间：2018 年

此装置是利兹 · 韦斯特与内梅纳（Nemozena）合作完成的。这个雄心勃勃的户外作品，完全由产生荧光的丙烯酸树脂碗制成，巴黎时装周期间在蒙多博物馆展出。《光照融融》由 169 个半球形荧光色碗组成，以正六边形的阵列排列在地面上，丙烯酸树脂的特性决定了其即便是不插电也会像插电的荧光灯一样发光，

并呈现出六种霓虹色。这些装置展出现场和材料的选择，体现了韦斯特对色彩与光线之间关系的兴趣，以及运用色与光的变化，增强观众对作品的感知力。丙烯酸树脂碗提供了高度反射的凹面，使观众有机会在新的荧光着色中，重新审视周围环境。碗也可作为雨水收集器皿，为这一艺术创作增添额外的维度。六角形在自然界中被反复使用，是一种实用、经济、节省空间的多边形，韦斯特经常在装置中使用几何型，来创建大规模和有影响力的作品。

6.2.20 《叶子》（图 6-62、图 6-63）

作者：胡安乔 · 诺维亚（Juanjo Novella）

地点：中国台湾清华大学

图片来源：中国台湾清华大学

材质：耐候钢

尺寸：高 12 米

中国台湾清华大学的大草坪上飘来一片巨型紫荆叶，这座重达八吨、高十二米的“叶子”优雅地落在草坪上，轻盈且穿透的视觉效果恰如其分地点缀了环境，成为学校知名打卡景点。来自西班牙的知名公共雕塑艺术家胡安乔 · 诺维亚（中国朋友们亲切地叫他“黄猴”），又一次利用厚重钢铁带给世人惊奇，这片巨型的“叶子”只有叶柄和两端叶片与地面接触，能盎然挺立在大草坪上，是艺术家经过精密的计算，找到精确的力学支点的结果。叶片上成千上万的孔洞不只带来优雅的穿透性，更像充满生命力的叶脉，在自然光影照耀下，好像下一秒就会随风飘走，换个角度欣赏又像是一对蝴蝶翅膀，好似随时都可能展翅飞翔，带给行人们无限想象。

诺维亚擅长使用“耐候钢”材质，打造这些永恒的公共艺术作品，“耐候钢”是一种会随着环境气候、湿度改变而自动生成橘红色锈蚀质的材质，其颜色只能在当下生成，与当地环境紧密相连，形成绝无仅有的自然的保护色泽。其橘红色调在夜间打上 LED 灯光映照，就像是一座温暖而华丽的城堡。

诺维亚是享誉国际的地景艺术家，曾在西班牙、葡萄牙、美国、杜拜等地以镂空钢材制成树叶、指纹等形状的公共艺术。“镂空的叶脉”雕塑已成为黄猴艺术风格的符号。他多次受欧洲一些城市当地市政府之邀，为这些城市创作雕塑作品，黄猴在创作构思时总是要亲临当地、融入生活，寻找探索这些城市的文化密码。西班牙许多城市盛产葡萄酒，黄猴以葡萄树叶片的形态进行艺术构思，在此基础上孵育出独一无二的钢铁艺术品。这些作品象征着城市的艺术形象，如今成为城市地标。

6.2.21 《农民和灌溉工》（Farmer & Irrigator）（图 6-64、图 6-65）

作者：约翰 · 塞尼（John Cerney）

地点：美国加利福尼亚州萨利纳斯

材料：丙烯、木板

尺寸：高 7 米

时间：1995 年

当架上绘画在装置、行为、影像、多媒体等艺术形式及其观念形态不断冲击下，人们还在讨论“艺术的

图 6-62　叶子（1）

图 6-63　叶子（2）

图 6-64　农民和灌溉工（1）

图 6-65　农民和灌溉工（2）

终结”，预言“架上绘画”死亡时间的时候，美国艺术家约翰 · 塞尼在他的家乡——位于美国西部加利福尼亚的田野大地上，乐此不疲地画着巨型的写实人物画。

约翰 · 塞尼的绘画与众不同，他认为艺术品不必非要画在一面墙壁上。他说：“我从来没有用心关注过，艺术博物馆和画廊的墙上那些方方正正的玩意儿。”他借鉴了商业广告行业中的一种古老的手段，真人大小人物画在一片片被切割的木板上，站立在商店门前微笑。他尝试着以家乡周围那些一望无际的农场和田野为舞台，绘制并且加以裁剪制作，成为可以自己站立在田野舞台之上的巨型绘画人物。

约翰 · 塞尼笔下的乡土人物艺术形象，都是生活在西部土地上的民众，是农夫和农妇、家庭中的老人和孩子，商店里的店主和顾客，农场中的工人、迷路的旅游者甚至有一组人物隔着公路在争吵，而路人驾车从他们中间驶过……好似美国西部民众每日里俗常生活中瞬间的一个定格或“亮相”。这些经裁剪艺术加工后的人物立在西部广阔田野上，给广袤无垠的大地带来盎然生机。

6.2.22 《浦江往事》（图 6-66）

作者：齐兴华

地点：各城市街头

材料：丙烯颜料、自喷漆等

尺寸：视创作背景可变

时间：2010 年

原译为3D街头地画。源自西方街头文化，英文：3D Street Painting，国内译为：3D街头地画、街头地画、街头立体画、三维街头地画、街头三维地画、城市立体画、城市三维立体画等。

在二维平面上模拟三维空间效果，一直是人类视觉艺术的焦点问题。尤其是自文艺复兴以来，解决该问题成为艺术进步和艺术史书写的重要标准之一，因此，文艺复兴及其之后的教堂壁画、天顶画、市政大厅、贵族寓所和别墅都成为极好的模拟场所。3D 街头地画可看作这一艺术逻辑在当代的重要发展和延伸。所谓 3D 街头地画，顾名思义就是将画作展示于地上以求得立体的艺术效果，或直接以地面为载体进行绘画创作。3D 街头地画，则将“艺术效果特殊化”的理念进一步发扬光大，它以室外地面为媒介，利用平面透视的原理，制造出视觉上的虚拟立体效果，令参观者有一种身临其境的感觉。3D 街头地画中的景物立体、细腻、逼真，往往能达到以假乱真的艺术效果。

严格意义上的 3D 街头地画发源于国外，有着长达二十多年的历史，已经发展成为一种成熟的艺术表现形式。它秉承后现代绘画理念，诞生于西方大众文化的语境中，最初是西方先锋街头艺术家表达自我、彰显个性的一种方式，它创作成本低廉，受场地限制程度低，发挥的自由度大，因此从诞生之日起就成为一些西方草根艺术家所钟爱的艺术形式；又因为它颇具娱乐精神与诙谐效果、易于与流行文化元素相关联，加之场地开放，创作与展示过程都是在露天完成的，打破了民众与传统绘画艺术殿堂的隔阂感，因此很容易受到参观者的认同、喜爱与欢迎。近年来涌现出一些致力于 3D 街头地画创作的艺术家，如丹麦艺术 Julian Beever，就是其中的佼佼者。

2010 年 5 月，齐兴华大型中式 3D 壁画作品《浦江往事》（也称《杨浦往事》）在上海世博码头展出，引起轰动。

6.2.23 《渐变装置形成的视觉运动》（图 6-67）

作者：托马斯 · 格兰瑟尔（Thomas Granseuer），托米斯拉夫 · 托皮克（Tomislav Topic）

地点：希腊帕克索斯

材料：织物、颜料、喷涂色

尺寸：可随场地空间改变

时间：2018 年

2018 年夏天，受帕克索斯当代艺术项目资助、委托，由来自德国汉诺威及柏林的艺术家组成的德国艺术二人组合，完成了这件独特的装置作品。

图 6-66　浦江往事

图 6-67　渐变装置形成的视觉运动

帕克索斯当代艺术项目，是以希腊的帕克索斯岛屿命名并发起的当代艺术项目，是一个独特且前所未有的艺术装置和表演项目，旨在突出岛屿精神并支持年轻艺术家的工作。帕克索斯岛在希腊旅游业占据相当重要的地位。2018 年 6 月 22 日至 9 月 9 日，所有艺术活动和装置，在这个帕克索斯岛上的公共场所举办，游客们完全免费参观，希望依靠艺术来带动旅游、产生经济效益。

艺术家托马斯 · 格兰瑟尔和托米斯拉夫 · 托皮克，在 400 年历史的废墟中，创建了这个立体的干预图像，大型场地营造出的特色作品和立面壁画，借用现场发现全新的美学元素，将空间转换为框架，用于展示抽象创作并挑战观众的感知。在一系列织物层中，是用颜料和喷涂的方式，创建光线和视点互作用的效果，使用建筑结构来强调其创作效果，就像数字抽象图像。以某种方式转移到现实世界中一样，采用不同色调和尺寸的层，来创建深度和透视错觉，在渐变中形成运动。

6.3 地铁站的公共艺术

地铁作为一种城市交通工具，已是人们不可或缺的出行方式。对于选择地铁出行的上班族和学生而言，每天离开家，除了单位和学校，地铁站就是必经并驻足的地方。地铁环境是否干净舒适美观，影响着出行人们的心情。一般而言，国内地铁站的环境尚属干净整洁，但拥挤、无趣，时间久了，难免就会产生单调乏味的感觉，并会因单调枯燥而产生视觉的疲劳和心理的不适。

好的地铁站公共艺术体现着一个城市的气质，应该有富有激情和想象力的设计，新颖独特的创意和色彩，同时还应具有人性化、趣味性的搭乘体验。公共艺术使地铁站不再只是冷冰冰的交通设施，而是艺术融入人们的日常生活的载体。每天川流不息的地铁站也可以美轮美奂，人们哪怕只是匆忙地搭乘地铁，也会令人忍不住驻足欣赏。公共艺术成为人们缓解在地下空间所产生的沉闷和压抑感的一剂良药。

6.3.1 国内地铁站的公共艺术

6.3.1.1 长春地铁 2 号线兴隆堡站《摩登时代》（图 6-68）

长春地铁 2 号线竣工通车以后，因其地铁站设计新颖时尚，深得长春百姓喜欢。地铁二号线 17 个车站的 18 件作品风格迥异，每一件都独具韵味。着色浮雕、马赛克拼贴、高清瓷板转印、玻璃艺术、大型一体化装置艺术，各种艺术形式、技术手段，把长春地铁 2 号线打造成了“地铁艺术宫”的兴隆堡站《摩登时

图 6-68　摩登时代，长春地铁 2 号线兴隆堡站。

图 6-69　莲花深处，北京地铁 10 号线。

图 6-70　光之穹顶，中国台湾高雄美丽岛地铁站。

代》让人一见钟情。设计师者脑洞大开，用现成品放大的形式把整个站厅层做成了一个女士提包的内部。顶部的混凝土预制结构设计成了大拉链造型，贯穿整个站厅层空间，两侧的墙壁做成提包的内壁，头顶拉链展开的部分露出年轻人的日常用品。站厅层的香水瓶、口红包都是趣味感十足的艺术化座椅，少女心萌萌的粉色和金属质感点亮了整个灰色的装配站空间，果然很接地气，很摩登。《摩登时代》开创了一个全国先河，它是目前中国最大型的喷镀工艺地铁公共艺术作品。

6.3.1.2 北京地铁 10 号线《莲花深处》（图 6–69）

作品将透明材质 3D 切割，运用数字技术模仿水的涟漪，制造出莲花池底的幻境。消防门的位置用一叶扁舟装饰，恰到好处地表现了莲花深处的意境。镂空雕刻莲花和鱼在其间自由穿梭，给人轻松自由的享受。

6.3.1.3 中国台湾高雄美丽岛地铁站《光之穹顶》（图 6–70）

中国台湾高雄美丽岛地铁站是由日本建筑师高松伸所设计，以祈祷为主题象征。这座“光之穹顶”是世界上最大的玻璃艺术品。共使用 4500 块彩色玻璃组成，像一个巨大的万花筒。由意大利国宝级艺术家水仙大师（Narcissus Quagliata）亲自操刀设计，设计理念源于“风、水和时间”。美国旅游网站“BootsnAll”于 2012 年初评选全世界最美丽的 15 座地铁站，美丽岛站排名第二名。

6.3.2 国外地铁站的公共艺术

6.3.2.1 法国巴黎艺术与工艺地铁站（图 6–71）

法国巴黎艺术与工艺地铁站（Arts et M é tiers），由来比利时连环画家弗朗索瓦 · 史奇顿设计。他在地铁站内设计了大量潜艇窗口，用铆钉和暖色金属装饰，呈现出独树一帜的蒸汽朋克风格，旅客在站台时恍惚进入了潜水艇，与地面寻常的街景形成了时空错觉和审美异趣。

6.3.2.2 意大利那不勒斯托莱多地铁站（图 6–72）

那不勒斯托莱多（Toledo）地铁站，由艺术家 Oscar Tusquets Blanca 倾心打造，整体设计打破了传统

图 6-71　法国巴黎艺术与工艺地铁站

图 6-72　意大利那不勒斯托莱多地铁站

图 6-73　葡萄牙里斯本奥莱尔斯地铁站

图 6-74　瑞典斯德哥尔摩的地铁站

地铁空间的严肃与古板，位于意大利那不勒斯深达 50 公尺的地下，设计师的创意灵感来自于光和水，营造了一个浩瀚而又神秘灵动的蓝色海洋。圆顶美轮美奂，并制造出一种流动的效果，宛如童话世界。沿着走廊，一路都有柔光相伴。深浅不一的蓝色马赛克铺满了扶梯通道的墙面，由深逐渐变浅，蓝色的渐变与建筑物的结构层次相统一，顶部的凹洞在蓝色灯光的映照下像是可以穿越到另一个世界的时空漩涡，扑面而来的蓝色将其缔造成一个不折不扣的海底世界。墙壁的上端和天花板则洒满了点点白色的光斑，像是深海，也像是星河。置身其中，宛如仙境。

6.3.2.3 葡萄牙里斯本奥莱尔斯地铁站（图 6-73）

葡萄牙里斯本的地铁内到处可见一幅幅抽象画作，描绘的都是大都市的独特风景。顶上是由一块块色彩斑斓的玻璃构成，在灯光的映照下，变得光彩夺目。在纪念葡萄牙航海家达伽马发现印度航线的 500 周年之际，在里斯本举办了 1998 年世界博览会。里斯本奥莱尔斯站就是在那时建造并一直保留到现在。当时设计风格浮夸，如今倒成就了它身为一个艺术品的价值。

6.3.2.4 瑞典斯德哥尔摩的地铁站（图 6-74）

瑞典人是简约主义的推崇者，IKEA 的家具、H&M 的服饰都传达着瑞典的简约风格。在他们交通工具上，瑞典人更是在简约里玩出了花样。瑞典人在岩石中凿开了他们的地下铁，并将其建成了一道艺术长廊。没有用华丽的大理石花岗岩，天然的岩石就是他们最好的建筑材料。地铁的墙壁和天花板都是裸露的岩石，瑞典人利用这些凹凸不平的岩石镶嵌出了富有现代感的立体作品，从岩石里凸出来的雕塑和浮雕栩栩如生，令人大饱眼福。斯德哥尔摩地铁通车于 1950 年，以其车站的装饰闻名，被称为世界上最长的艺术长廊。到今天为止，

图 6–75　俄罗斯莫斯科地铁站

图 6–76　德国汉堡地铁站

已经有 150 多名艺术家在此创建了超过 9 万件的雕塑、油画、版画、浮雕和装置等艺术装饰。1997 年以来，他们还聘请了一些专业导游每星期沿着某条线路免费导览沿途四至五个地铁站，为旅客们介绍这些艺术、建筑和工程背后的艺术家。所以在这里的地铁中行走就像穿梭于一个个激动人心的故事中，这同时也是一种有趣而价廉的、可用来探索和发现斯德哥尔摩城市艺术和文化的方式。

6.3.2.5 俄罗斯莫斯科地铁站（图 6–75）

莫斯科地铁站一直被公认为是世界上最华丽的地铁站，地铁站的建筑造型各异、华丽典雅。莫斯科每个地铁车站都由其国内著名建筑师设计，风格和建筑格局也各不相同。总免不了一股浓郁的东欧风情，还带有一点前社会主义国家的色彩。每一个地铁站都宏伟壮观、富丽堂皇，尤其是环线各站巨型的拱门式通道将人带进由圆柱、方柱支撑起的大厅；穹顶上饰有各式华丽吊灯，巨型壁画在水晶灯下美轮美奂，地铁站多用五颜六色的大理石、花岗岩、陶瓷和五彩玻璃镶嵌。各种浮雕、雕刻和壁画装饰也十分别致，堪比富丽堂皇的宫殿，享有“地下的艺术殿堂”之美称，让人有美不胜收的感觉。莫斯科地铁车站则集中体现了斯大林时代的苏联风貌。其规模之庞大、造型之繁复足以让人叹为观止，莫斯科地铁一直是俄罗斯人的骄傲。

6.3.2.6 德国汉堡地铁站（图 6–76）

汉堡港口地铁站有一个光之雕塑。这里的墙壁上没有杂乱无章的广告，只有雕塑反射的光。设计师拉帕奇 · 阿奇泰克藤这样陈述他们的设计概念：“该设计突出了汉堡作为海港城市的自然特性，从集装箱的外形到使用的材料。这个地铁站的材料特点是对钢、色彩和光的使用……微妙的色彩变化系统，将一个运输设施转变成了一个生活中的艺术馆。从砖质外墙的颜色到船只的钢质外壳都会随着季节和一天中不同时间段而发生变化。”彩色场景都经过精心编程以实现无缝切换，可以让等车的乘客观看。它们还可以短暂的减缓乘客的压力。其背后的理念是设计“等待”这个行为，将空虚从等待中除去。通常人们更多看到的是张贴在地铁站墙壁上的广告，换上灯箱后，乘客们会觉得候车是脱离日常生活短暂的休息。

6.4 机场的公共艺术

机场作为国内与国际、本土和全球交接点，既是一个出发与回归的物理空间，也是精神上出发与回归的心理空间。在旅客从下飞机到找到机场出口或是从机场出口到酒店的这段路程上，机场里的那些艺术品就能告诉你关于这座城市的线索。

图 6–77　大芬丽莎，深圳机场北站。

6.4.1 国内机场的公共艺术

深圳机场北站《大芬丽莎》（图 6–77）

深圳机场北站的这面公共艺术墙就是对 2010 世博会深圳馆外立面《大芬丽莎》的再创作。该幅作品原画由 507 名画师同场绘制的千幅画面组成，是全世界最大的集体创作油画。而在机场北站与大家见面的这幅《大芬丽莎》陶瓷壁画则是选取原作品中核心的 599 块画面进行制作和再现。为了最大限度地保留原画的画风、笔触和表现技巧，特别将原作品进行解构，通过像素化的分解使每块画面都转化为由色彩和笔触构成的斑块，再转印在陶瓷薄片上，力求真实地再现该幅作品的艺术魅力。

《蒙娜丽莎》是意大利文艺复兴时期画家列奥纳多 · 达 · 芬奇创作的油画作品，代表了文艺复兴时期的美学方向；该作品折射出女性的深邃与高尚的思想品质，反映了文艺复兴时期人们对于女性美的审美理念和审美追求。为什么选择蒙娜丽莎作为作品的样本？第一，《蒙娜丽莎》是大芬村复制最多的世界名画之一；第二，《蒙娜丽莎》早已成为人类的文化符号之一，可说路人皆知；第三，正如蒙娜丽莎的微笑在 100 个人的眼里有着 100 种解读，深圳 30 年的发展奇迹也被世人认为是斯芬克斯之谜。

达 · 芬奇的《蒙娜丽莎》一直是作为人类的文化符号为大家所熟知，而作品取名为《大芬丽莎》则另有深意：该作品主要是展现深圳大芬村——一个“城中村”成长、再生、蜕变、崛起背后透露出的深圳人的梦想和创造力，以及一座城市的文化精神。作品不同于原作的竖式呈现，采用横式构图，一则与机场的现场空间有关，同时也巧妙地使人们心中的常规思维得到不一样的视觉体验，在熟悉与陌生之间转化，也与深圳在中国改革开放以来的特殊地位有着异曲同工之妙。

6.4.2 国外机场的公共艺术

6.4.2.1 英国希思罗机场二号航站楼（图 6–78）

由英国著名雕塑家理查德 · 威尔逊 (Richard Wilson) 设计的雕塑作品《滑流》（Slipstream）悬挂在航站内两条人行过道上方 20 米的半空，俯瞰地面众生。这一巨型铝雕塑长 70 多米，重 77 吨，是目前欧洲最长的永久雕塑，单是制造这件艺术品，便花了 250 万英镑。如此巨大的雕塑悬于半空，除了主管单位的“巨大魄力”外，设计师对于雕塑空间、雕塑轮廓线条及材料属性的巧妙处理也是非常重要，设计师希望通过特技飞行动感的造型和铝料对光线的折射，给人带来动感十足的视觉感受，引起人们“看航空展时的激动澎湃”即视感。

图 6-78　英国希思罗机场二号航站楼

图 6-79　美国佛罗里达州迈阿密国际机场

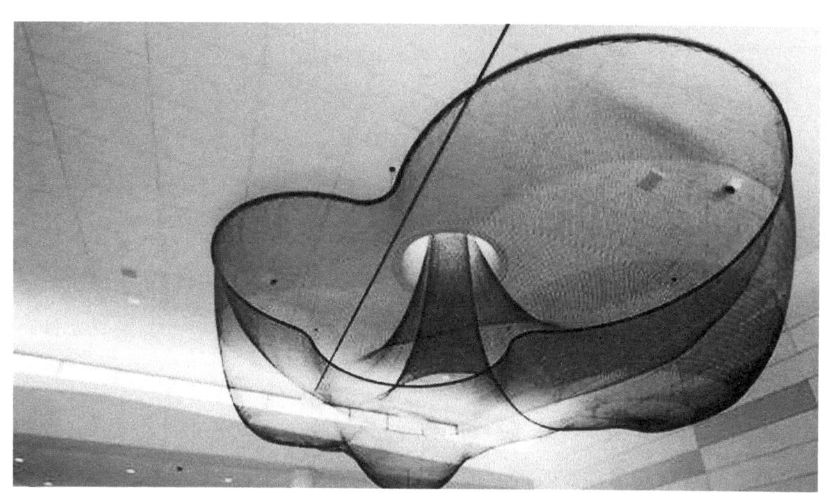
图 6-80　美国加利福尼亚州旧金山国际机场

图 6-81　美国加利福尼亚州萨克拉门托国际机场

6.4.2.2 美国佛罗里达州迈阿密国际机场（图 6-79）

色彩，是人视界中最重要的感受元素，也是对人诱惑力和冲击力最强烈的元素之一。合理的搭配和色彩运用，能使公共空间拥有更加丰富的视觉感受与完美的画面效果。克里斯托弗·詹尼(Christopher Janney)安装在美国佛罗里达州迈阿密国际机场的装置艺术作品《和谐汇聚》(Harmonic Convergence)如同一条彩虹走廊，配合音乐，让你一下飞机就陶醉于这绚丽夺目的色彩中，瞬间变身童话中的王子、公主。

6.4.2.3 美国加利福尼亚州旧金山国际机场（图 6-80）

艺术创作的灵感总来源于日常生活当中，让我们换个视角并加以细微的艺术处理，定能产生非同寻常的效果，并把观众拉入一种美妙的视觉体验。珍妮特·埃切曼(Janet Echelman)就是这样一位对生活“巧取豪夺”的优秀艺术家。如果你的双目流连于一张被抛入广阔蓝天的巨型渔网所产生的美，那么你极可能是被珍妮特·埃切曼的作品迷住了。最初作为一名画家的埃切曼，自旅居印度期间就已经采用网这种材料来创作了。因为其艺术创作的材料补给出现错误而苦于无材可寻，在看到当地工作的渔夫时，她便将这种幸运的不幸转化为艺术创作的灵感。

6.4.2.4 美国加利福尼亚州萨克拉门托国际机场（图 6-81）

雕塑与环境如何协调？是一个见仁见智的问题。有时一种相对矛盾的协调也能更能激发某个场域，给人

图 6-82　新加坡樟宜机场（1）

图 6-83　新加坡樟宜机场（2）

一种“激发”的视觉生命力。包括雕塑的位置、雕塑的尺度、雕塑的造型主体以及色彩。

美国加利福尼亚州萨克拉门托国际机场新的中央航站楼 B 已成为世界一流的机场设施，除此之外，这里还以其为数众多的当地及国际艺术家作品为豪。大厅中部一只 17 米高的巨型红色兔子作跳跃状——这便是丹佛艺术家 Lawrence Argent 的大型动物雕塑作品《跳跃》(Leap)。这只兔子被命名为“跳跃”，象征着旅客跳入了未知世界。阿金特在接受《西雅图时报》采访时说：“我想表现的是有东西从外面跳入这个建筑，鲜亮的红色赋予它法拉利般的加速度。”红色兔子的一跃，意味中空间的打破与惯性视觉思维的“冲突”，让观众在视觉心理形成一个惊喜的“跃点”。

它由钢和铝制成。

6.4.2.5 新加坡樟宜机场（图 6-82、图 6-83）

新加坡樟宜机场屡次被评为世界最佳机场，它是新加坡最主要的机场和最重要的地区性枢纽，大而舒适，整个机场有四座航站楼，之间通过空中列车和接驳巴士换乘。除承载航班外，机场还设有多个主题花园大型免税商品区、小睡区，甚至还有多个机场影院和高 12 米的室内滑梯。游客完全不必担心较长的候机或转机时间，因为樟宜机场本身就是一处景点。

新加坡属热带海洋性气候，常年高温多雨，选取雨点作为《雨之舞》(Kinetic Rain) 的动态雕塑造型来源也就成了自然而然的。《雨之舞》的动态雕塑是新加坡樟宜机场第一航站楼翻新后的新装饰，是世界上最大的动态艺术雕塑。《雨之舞》一共有两个，分别设在第 7 柜台和第 10 柜台前的自动扶梯旁，取代了原有的喷泉。每个雕塑占地 39.2 平方米，由 608 颗雨点形状的铜珠组成。“雨之舞”每天清晨 6 时至午夜连续上演，每 15 分钟重复一次。

6.4.2.6 英国伦敦希思罗机场五号航站楼（图 6-84）

云（Cloud）总是与航空、飞机、机场等联系在一起。

由 Troika 设计的这个装置艺术作品《云》放置在伦敦希思罗机场的五号航站楼，它由 4638 个小方格组成，并可通过计算器的控制进行神奇的变换，非常的有趣。当代的艺术处理手法、数字技术和让人遐想无限的云造型，定让作品艳惊四方。

6.4.2.7 卡塔尔多哈哈马德国际机场（图 6-85）

卡塔尔多哈新建成的哈马德国际机场最近投入运营，14 位卡塔尔本土及国际艺术家接受委托，为占地 60 万平方米的机场创作公共艺术作品，其中首批揭开面纱的就包括 Urs Fischer 创作的这只巨大的泰迪熊。

图 6-84　英国伦敦希思罗机场五号航站楼

图 6-85　卡塔尔多哈哈马德国际机场

图 6-86　美国得克萨斯州达拉斯—沃斯堡国际机场 D 航站楼

图 6-87　美国芝加哥奥黑尔国际机场

任何来过多哈哈马德国际机场的人，都不会错过坐落于机场正中的 23 英尺（约合 7 米）高的黄色泰迪熊，它位于整个候机大厅的中心位置和交会点，是这座机场的象征和标志。来过这座机场的人都会记住这只“大黄熊”，这是区别于其他机场的显著标志。它是由瑞士艺术家乌尔斯 · 菲舍尔在十年前创作，由青铜铸成，重达 20 吨。根据哈马德国际机场的官方描述，这只熊是一个“活泼可爱的作品，令其周围的空间更有人情味，令旅客回忆起童年以及来自家乡的珍品。”

6.4.2.8 美国得克萨斯州达拉斯 - 沃斯堡国际机场 D 航站楼（图 6-86）

达拉斯－沃斯堡国际机场（Dallas-Fort Worth International DFW），是美国得克萨斯州达拉斯和沃斯堡共同所有的民用机场，距达拉斯 24 公里，距沃思堡 29 公里，是得克萨斯州最大、最繁忙的机场。2006 年，根据一项调查结果，机场被授予“最佳货运机场”称号。位于达拉斯 / 沃斯堡国际机场 D 航站楼的雕塑作品《水晶山》(Crystal Mountain) 高 13.7 米，由铝制框架制成，灵感来源于水晶的形态，雕塑造型向各个方向延展，与机场的性质相吻合，作者为丹尼斯 · 奥本海姆 (Dennis Oppenheim)。

奥本海姆是一个喜欢进行冒险性尝试的艺术家，在其长达 40 年的艺术生涯中，他创作了大量的雕塑、观念艺术、大地艺术及公共艺术作品。

6.4.2.9 美国芝加哥奥黑尔国际机场（图 6-87）

芝加哥奥黑尔机场建立于 1942-1943 年，因为邻近市区与运输中心，所以二次大战期间，选择在此制造生产道格拉斯 C-54。本地是全美第二大城，故得以规划出 200 万平方英尺（18 万平方公尺）的区域作为厂房，同时也有足够的空间建构联外铁路。本区之前已有 Orchard Place，战争期间机场别名就是 Orchard Place 机场或是道格拉斯区，所以简称 ORD。奥黑尔 (Edward O'Hare) 是二战中美国的王牌飞行员，芝加哥奥黑尔国际机场就是为纪念他而建。不过机场最让人津津乐道的就是这个艺术作品《天空是极限》（The Sky's the Limit），彷佛如一个七彩霓虹的通道，40 年来色彩变换万千。

七彩霓虹的光芒，如梦似幻，喧嚣的机场空间，也变得充满梦幻的色彩，这一道色彩，让世界变得更加迷人。

图片索引

第1章

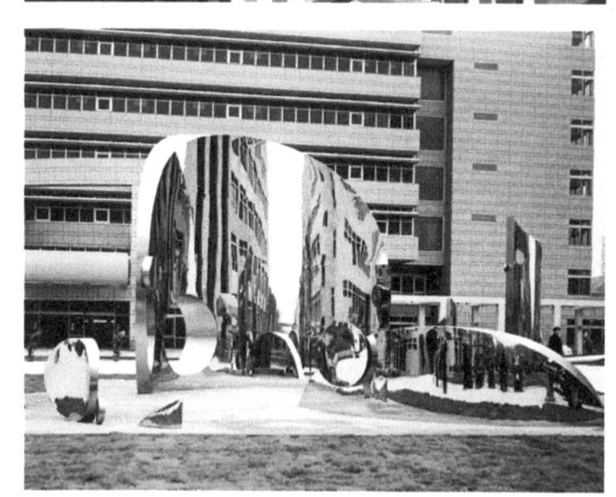

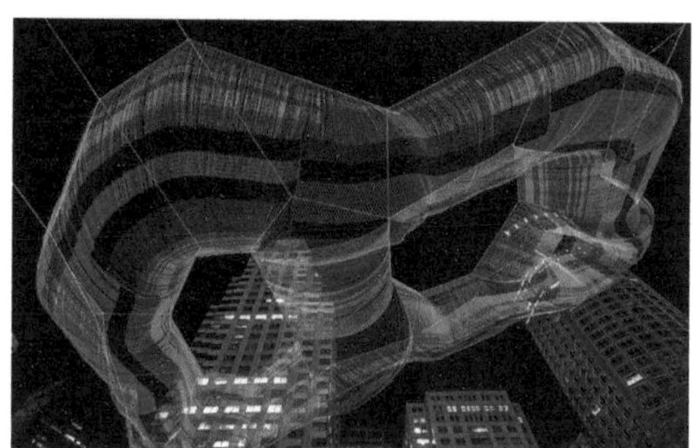

第2章

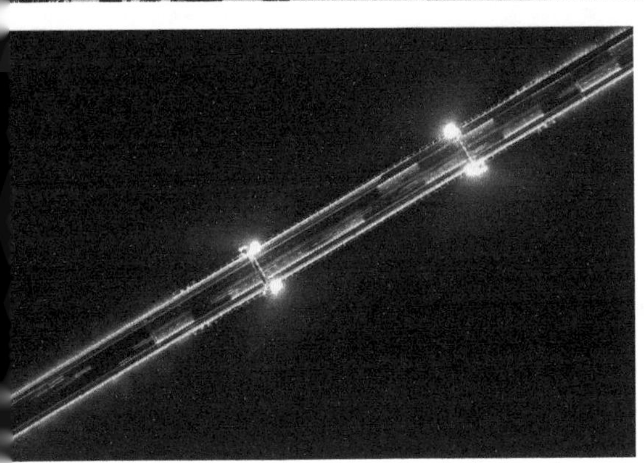

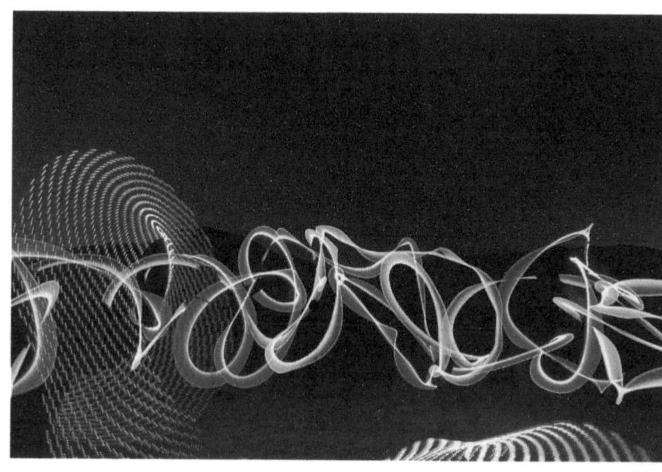

第3章

EXPO
MILANO 2015
SUPERMERCAT
DEL FUTURO
SUPERMARKET
OF THE FUTURE
coop

第4章

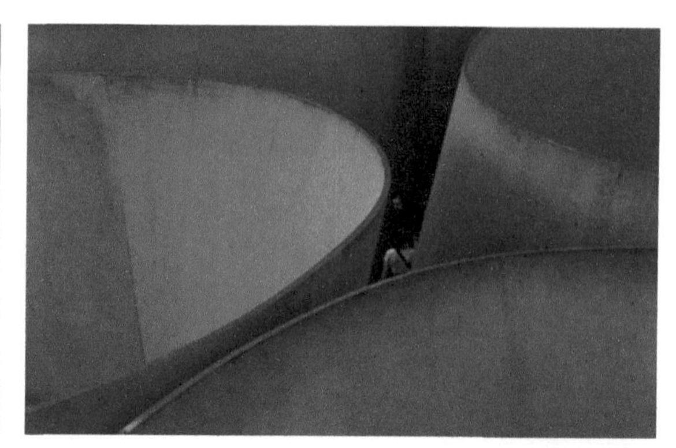

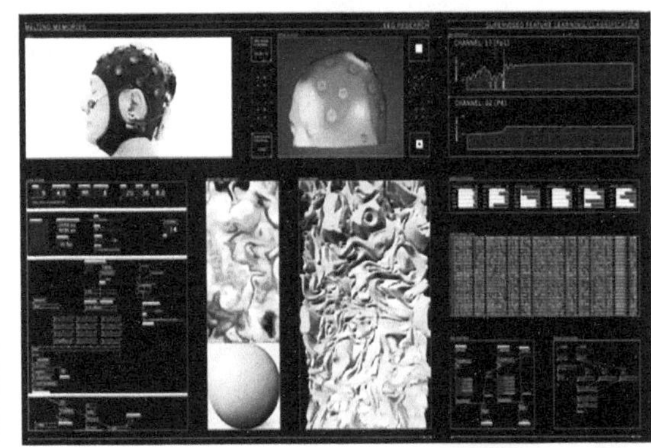
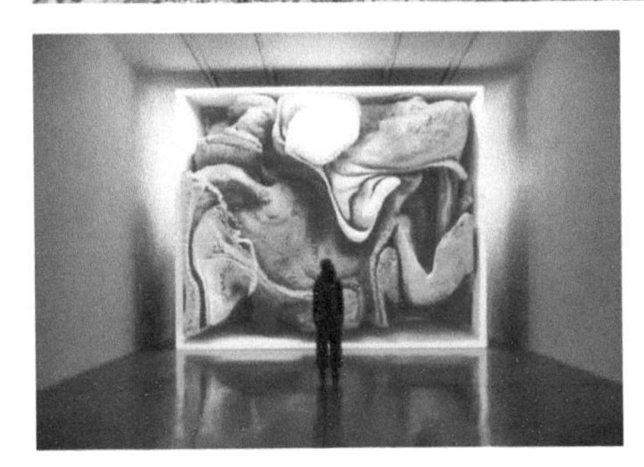

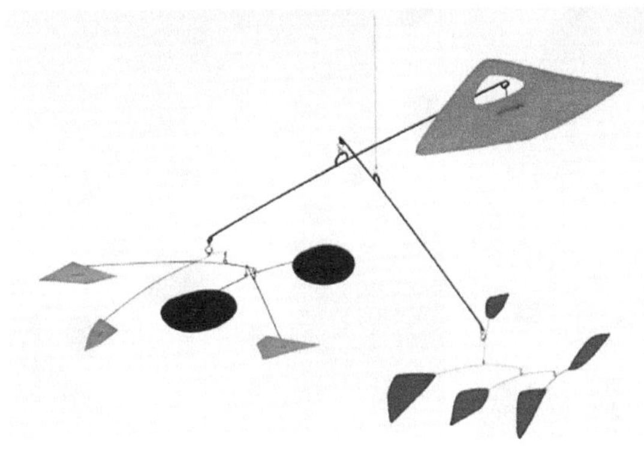

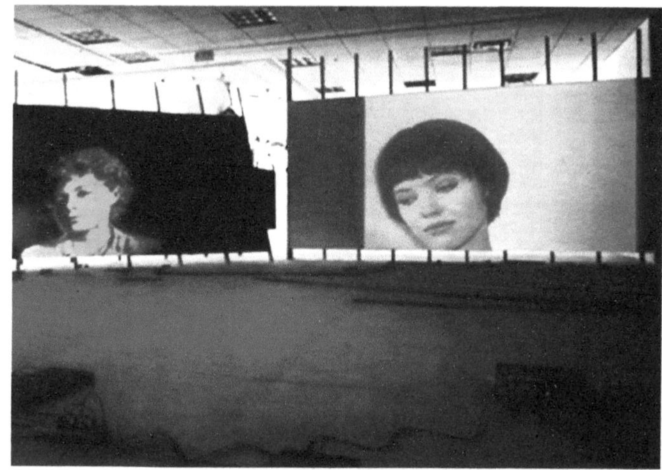

第5章

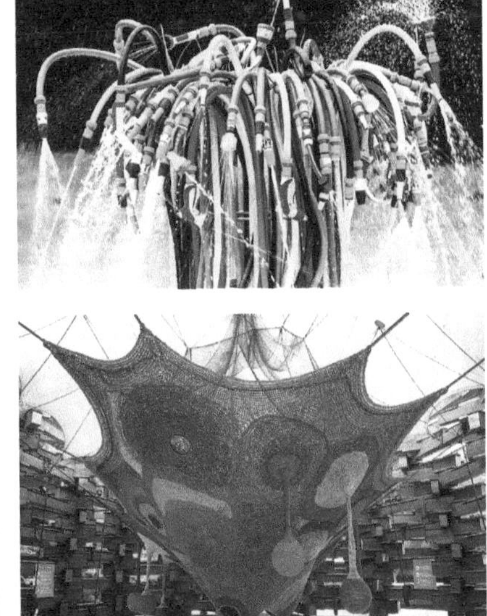

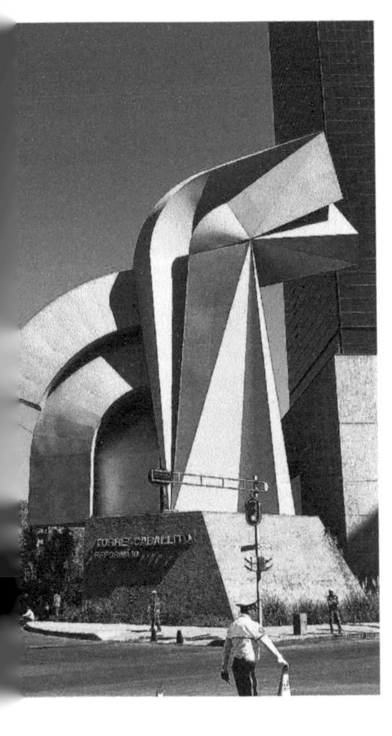

通过比较，作者认为没有必要再做1:1的模型进行现场模拟。

通过比较，作者认为没有必要再做1:1的模型进行现场模拟。

通过比较，作者认为没有必要再做1:1的模型进行现场模拟。

第6章

"LIFE" STORY: This famous photo of the V-J Day kiss in Times Square was originally buried on page 27 in Life magazine, but solving the mystery of the kissers helped make it iconic years later.
HI, SAILOR! Greta Friedman was a dental assistant, not a nurse.

LOVE

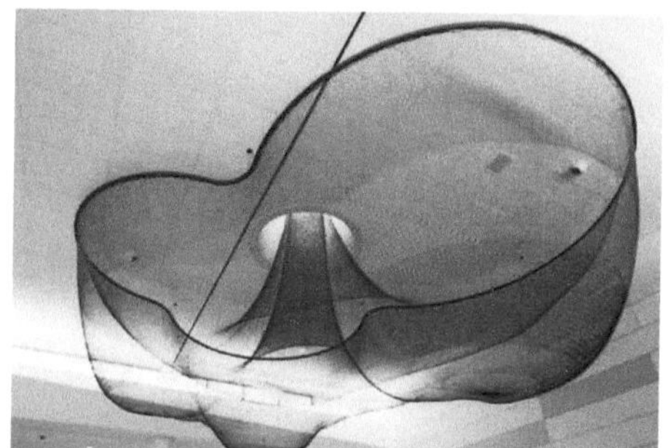

CDE

后记

经多位作者几个月辛勤的纸上耕耘，《公共艺术设计》一书终于杀青。作为一本公共艺术设计方面的书，其酝酿构思的初衷是有感于近年来国内公共艺术发展很快，高校公共艺术教学迫切需要有一本针对性强的公共艺术设计教材，以适应专业教学的需要。

公共艺术在中国30年，与中国经济社会发展和城市化进程同步，有一个爆发式的增长期。有如中国现当代艺术发展轨迹一样，把西方社会20世纪60年代以来公共艺术的发展历程迅速的演绎了一遍，观念主义、极简主义、抽象艺术、装置艺术……各种艺术流派、艺术样式几乎都有中国艺术家做过尝试，出现了一批经典的优秀公共艺术作品，对公众和社会的影响作用越来越大。中国风格的公共艺术也在探索中逐步形成。当下，公共艺术理论探索已逐渐成为艺术理论研究的显学之一。先行的艺术家、批评家们筚路蓝缕，在理论的研究方面做了大量开拓性、基础性的工作，构建起中国公共艺术理论的基本话语体系和理论框架。然而，热点之下也略有缺憾，随着公共艺术的繁荣与发展、公共艺术教育在艺术院校的普及过程中，又提出了新的问题。其中较为突出的问题就是在教材建设、教学内容方面，存在着明显的不足。特别是公共艺术教育中“道”与“技”的不均衡，即“公共性”与“艺术性”、“设计性”及其相互关系研究的不均衡。着眼于当下社会问题的研究偏多，公共艺术的本体语言和公共艺术设计的形式法则的研究不足，专业性与规范性不够，教师教与学生学的目标不明确。教材教法方面存在的问题，影响着公共艺术专业的教学水平，反映在教学效果上，就是部分学生学习了公共艺术课程之后，动手能力不强，不会做最基本的设计。

当这本图文并茂的《公共艺术设计》呈现在众人面前时，我们希望达成了预期目标：即，完善公共艺术教学的内容体系；制定公共艺术教学目标、找出教学关键点、难点；从方法论上探索公共艺术的形式语言规则；提出公共艺术教学成果的呈现方式等四个方面入手，为教与学提供概念外延清晰的公共艺术课程知识，为教师和学生提供一本理论体系清晰、操作性较强、具有普适性的公共艺术设计教程，补强相关专业学生设计能力差的短板，使其掌握基本的艺术技能与职业技能。同时也为公共艺术爱好者和研究者提供一本可读之书。

开创性的工作总是具有挑战性的，编委会在积累经验的基础上，再接再厉，计划再编写出版《公共艺术500例（中国篇）》《公共艺术500例（世界篇）》《艺术介入场域：在场设计》等系列丛书，为中国公共艺术教育学科体系的发展与完善，为更多更好的公共艺术走进广大民众的生活，提高全民族的艺术审美素质贡献应尽之力！

编委会主任　文山

2019年8月26日